张 岱 年 全 集

—增订版—

中国伦理思想发展规律的初步研究
中国伦理思想研究

張岱年 著

哲學家須有求一致的客觀真理之誠心，即須充分的重視，考量及其他哲學家的見解，或依他家的方法試思一次，細細考量他家所得的結果的品值。蔑視他家學說，即失其哲學家之資格。

任何哲學學說都非集大，都必有所見。對于任何哲學理論，不應完全排斥之，而亦應家納其對的成分，且不惟家納之，更須提高之。對于任何哲學，都應且揚棄且拋棄，且擇取且補益，且取納且掃蕩。

任何哲學家的工作，都不至於是完全浪費，毫無所得，其錯誤中的正確，實應辨識而吸取之。在哲學的戰鬥中

十七

中華書局

图书在版编目（CIP）数据

中国伦理思想发展规律的初步研究；中国伦理思想研究/张岱
年著.—增订版. —北京：中华书局，2018.4
（张岱年全集）
ISBN 978-7-101-12644-0

Ⅰ.①中… Ⅱ.张… Ⅲ.伦理学史-中国 Ⅳ.B82-092

中国版本图书馆 CIP 数据核字（2017）第 134613 号

书　　　名	中国伦理思想发展规律的初步研究　中国伦理思想研究
著　　　者	张岱年
丛 书 名	张岱年全集
责任编辑	邹　旭
出版发行	中华书局
	（北京市丰台区太平桥西里 38 号　100073）
	http://www.zhbc.com.cn
	E-mail:zhbc@zhbc.com.cn
印　　　刷	北京市白帆印务有限公司
版　　　次	2018 年 4 月北京第 1 版
	2018 年 4 月北京第 1 次印刷
规　　　格	开本/920×1250 毫米　1/32
	印张 9⅞　插页 3　字数 212 千字
印　　　数	1-3000 册
国际书号	ISBN 978-7-101-12644-0
定　　　价	58.00 元

张岱年先生，摄于20世纪80年代

中国伦理思想的基本倾向　1988

中国哲学中关于人类本性、道德原则、人生理想、人生价值的学说，都属于伦理学说。中国哲学中的伦理学说具有深微丰富的内容。春秋战国时代，学术繁荣，百家争鸣，最主要的有四家，即儒家、道家、墨家和法家。这四家各自提出自己的独特的伦理学说。到汉代，推尊儒术，于是儒家的伦理学说占有统治地位，成为社会生活中的主导思想。但道家的学说仍流传不绝。佛教输入之后，佛教宣扬一种与儒家、道家都不同的人生观。在中国佛教的发展演变过程中，也逐渐接受了儒家、道家的影响。宋代理学基本上是先秦儒家孔孟学说的发展，一方面吸取了道家佛家的一些思想观念，一方面又依据孔孟的基本立场对于佛道学说进行批判改造，在理论上较先秦儒家为详密，而又表现了一定的偏向。明清之际一些卓越的思想家又纠正了理学的偏向，要求更确当地回到孔孟

张岱年先生《中国伦理思想的基本倾向》手稿，撰写于1988年

《张岱年全集》(增订版)出版说明

张岱年(1909—2004),字季同,别署宇同。原籍河北省献县(今属沧州市),生于北京。父张濂,为光绪朝进士、翰林院编修;兄张崧年(张申府),著名哲学家。张岱年先生1933年毕业于北京师范大学教育系,同年入清华大学哲学系任教。30年代中期,撰写完成重要哲学著作《中国哲学大纲》。抗战期间滞留北平,1943年秋起任教于私立中国大学。1946年重返清华大学任教。1952年院系调整后调任北京大学哲学系教授,1978年起担任中国哲学史教研室主任。曾任中国哲学史学会会长、名誉会长,中华孔子研究会会长,清华大学思想文化研究所所长,中国社会科学院兼职研究员等职务。

张岱年先生曾对自己的哲学研究做以概括总结:"我的学术研究,可分为三个方面:一中国哲学史的阐释;二哲学问题的探索;三文化问题的探讨。"(《平生学术宗旨》)张先生注重阐释中国哲学史传统中的唯物论与辩证法思想及人本精神,并首倡关于中国哲学范畴与价值观的考察，其《中国哲学大纲》以哲学问题为纲，"审其基本倾向，析其辞命意谓，察其条理系统，辨其发展源流"，力图展示中国传统哲学之理论体系；在哲学问题的探索上，张先生将唯物、理想、解析综合于一，将现代唯物论及逻辑分析方法与中国传统哲学的思想精粹结合，建立起自己"综合创新"的独特的"新唯物论"哲学体系，撰写于1942至1948年间的《天人五论》标志着这一体系的基本形成，并在日后不断深化发展；在文化问题上，张先生提出"文化综合创新论"的见解，既反对全盘西化，亦不赞同国粹主义，其所谓"综合"，既包括中西文化之综合，也包括中国固有文化中不同学派的综合，并以唯物辩证法为理论基础。张先生在中国哲学研究领域卓越的典范性、奠基性、开创性贡献为学界所公认，为后人留下众多宝贵的思想资源。

张岱年先生著述宏富，出版的专著及论文集主要有《中国哲学大纲》、《天人五论》（收于《真与善的探索》）、《张载——十一世纪中国唯物主义哲学家》、《宋元明清哲学史提纲》、《中国唯物主义思想简史》、《中国伦理思想发展规律的初步研究》、《中国伦理思想研究》、《中国哲学史史料学》、《中国哲学史方法论发凡》、《中国古典哲学概念范畴要论》、《求真集》、《中国哲学发微》、《玄儒评林》、《文化与哲学》、《思想·文化·道德》、《文化论》、《晚思集》等。清华大学出版社曾于1989至1995年陆续出版《张岱年文集》六卷本，而后河北人民出版社又于1996年出版《张岱年全集》八卷本，惜因当时种种条件所限，《文集》、《全集》对张先生作品收录未周，尚有遗珠之憾。2014年，经张先生家属的授权与协助，我们开始对张岱年先生著作重新进行全面的收集整理,计划用几年时间分批出版《张岱年全集》(增订版),以冀形成张先生全部著作的一个完整版本。

现将增订版《全集》编辑过程中我们所做的主要工作介绍如下:

1.增补。

增订版《全集》在《文集》、《全集》的基础上,通过家属提供和社会征集,将整理收录张先生大量未曾面世的手稿,包括学术论文(以 1949 年以前及晚年为主)、随笔札记、授课讲义、书信、日记、译著等,以及若干已发表而原版《全集》未收的作品。

2.新编。

增订版《全集》大体上分为专著、论文、杂著三大类。其中,论文部分以张先生自编之诸选集为纲,而将相应年代的零篇文章附于其中,如张先生有《求真集》,专收早年论著,则将 1949 年之前学术论文均附入此集中,而以"求真集新编"为书名。各类杂著亦依内容及体裁重新分类编排,其中札记手稿数量尤夥,且多以零篇残句形式保存,我们在家属协助下加以编选,与原《研思札记》等合并成集。

3.校勘。

增订版《全集》以河北人民出版社 1996 年版《全集》为工作本,搜集众本详加比勘,并充分利用现存手稿及誊清稿对校,复核引文,斟酌审定,必要之处出校记说明。以呈现张先生著作原貌为基本原则,尊重作者用语习惯,除明显的排印错误及引文问题外,不妄加改动。引文出处标注格式亦在各书内部予以统一。

4.编制索引。

为便于读者查找,各卷均编制人名、书篇名索引。

《全集》中各著作版本情况及内容体例不一,整理时根据各书具体情况酌情处理,敬请参阅各卷前《编校说明》。

在增订版《全集》编辑过程中,张尊超、刘黄二位先生亲力亲为,整理张先生未刊遗稿,并对我们的工作给予充分信任及大力支持;同时我们也有幸得到了陈来、杜运辉、李存山、刘笑敢、衷尔钜等诸位先生的中肯建议,以及学术界、出版界众多朋友的支持帮助,在此致以衷心的感谢。限于水平,书中或有疏漏失考及编排不当之处,敬请读者指正。

中华书局编辑部

2016 年 7 月

本卷编校说明

《中国伦理思想发展规律的初步研究》及《中国伦理思想研究》均为张岱年先生关于中国古代伦理思想的专题论著。

《中国伦理思想发展规律的初步研究》撰写于1956年,1957年由科学出版社出版,后收入《张岱年文集》第四卷(1992年)、《张岱年全集》第三卷(1996年)。收入《文集》、《全集》时有部分文字改动,且将其中一些引文出处替换为常见版本。

《中国伦理思想研究》1989年由上海人民出版社出版,而后有江苏教育出版社、中国人民大学出版社等多次再版,并收入《张岱年文集》第六卷(1995年)、《张岱年全集》第三卷(1996年)。

此次出版,两书均选用《全集》本为工作本,分别以科学出版社1957年版、上海人民出版社1989年版对校。核查引文,统一引文标注体例,并更正此前一些排印错误。新编人名、书篇名索引,以供读者查找之便。

总 目 录

中国伦理思想发展规律的初步研究 ·························· 1

中国伦理思想研究 ······························· 57

人名索引 ································· 285

书篇名索引 ····························· 294

中国伦理思想发展规律的初步研究

月十三日 星期四 上午腦疲神憊不能讀書蓋因昨夜受寒耶

下午讀物之解析第二十三章

月十四日 星期五 晨起念及將來中國情形之可慮的變化深覺

頗難于自處為之憂慮久之最後決定無論至何情形常為真理

而奮鬥以理想而奮鬥而生死窮達置之度外如注意于避害亨福

目　录

前记 ……………………………………………… 5

一、问题的意义 ………………………………… 7

二、关于伦理思想的阶级本质 ………………… 10

三、中国伦理思想的演变及其基本类别 ……… 23

四、宗教道德与人本主义倾向的对立 ………… 30

五、中国历史上一些基本的道德观念的分析 … 40

六、结论 ………………………………………… 52

前　记

近几年来，在中国哲学史教学的过程中，我遇到了一个问题，就是，在古典哲学的宇宙观与认识论的范围内，主要的思想斗争是唯物主义与唯心主义的斗争，然而在古典哲学的伦理学说的范围内，唯物主义的思想是比较希少的，其中的主要斗争是何种斗争呢？为了尝试解决这个问题，就对于中国伦理思想的发展规律作了一些研究。这本书便是我初步探讨的结果。

中国十八世纪的卓越思想家戴东原讲治学的方法，曾经区别了"十分之见"与"未至十分之见"。（东原《乙亥与姚姬传书》："然寻求而获，有十分之见，有未至十分之见。"）可以说是一种极其透彻的说法。这本书中所提出的见解，大致都是"未至十分之见"。这是应该声明的。既然自己知道不成熟，何以还敢发表出来呢？这就是为了提出问题以引起大家的共同讨论了。

这本书中肯定，历史上的许多唯物主义者在伦理学说方面也提出了有进步意义的主张。这个尝试的结论也许是许多同志所不能同意的。希望同志们本着赞同"百家争鸣"的态度,尽量予以考虑。古人说过:"夫言岂一端而已,夫各有所当也。"(《礼记·祭义》篇)在这本书里,不过是提出一些个人的见解,供大家参考而已。

本书初稿写成后,曾于1956年秋季在北京大学中国哲学史教研室进行讨论。教研室的全体同志们都提出了很多宝贵的意见。今年春天,我曾经根据同志们所提的意见作了一些局部的修正。在这里,应该向教研室全体同志表示谢意。本书中错误之处仍然是难免的,当然仍应由我个人负责。

科学出版社同意印行这本书,给我以很大的鼓舞,在这里我也应该表示感谢。

张岱年

1957年5月于北京大学

一、问题的意义

哲学主要包含几个方面:宇宙观(自然观),认识论(方法论),历史观与伦理思想(道德学说)。

一般说来,哲学的历史就是唯物主义成长、发展的历史,也就是唯物主义与唯心主义相互对垒、相互斗争的历史。但是,所谓唯物主义与唯心主义的斗争,在马克思主义出现以前,主要是在宇宙观与认识论的范围以内进行的。在马克思主义出现以前,多数在宇宙观认识论方面坚持唯物主义观点的哲学家,在历史观与伦理学说方面,却不能够摆脱唯心主义的束缚,不能够提出系统的唯物主义的历史观或唯物主义的道德学说来。

在马克思主义出现以前,在历史观与伦理学说中,是否也有唯物主义观点呢?应当承认,那不是完全没有。在古代的历史观与伦理学说中,也曾经出现过唯物主义观点,也曾经有人企图从社会的物质生活来说明社会的精神生活。然而,他们仅仅能够提出一些片断的唯物主义的看法来,却不能加以贯彻,不能扩充为有系统的学说。在马克思主义出现以前,自然观与认识论方面的唯物主义久已形成为有系统的理论了,而在历史观与伦理学说方面,却仅仅出现了一些初步的唯物主义观点。这两方面的情况是有显著差别的。

在历史观与伦理思想方面,是否有思想斗争?当然是有的。应该承认,在历史观与伦理思想方面,也有先进的思想与落后的或反动的思想之间的斗争。但是,假如认为,在马克思主义出现以前,在这些方面的主要的思想斗争也是唯物主义与唯心主义的斗争,那就不合事实了。在马克思主义出现以前,在这些方面的主要的思想斗争既然不是唯物主义反对唯心主义的斗争,那末是怎样的斗争呢?在历史观与伦理学说范围以内,在历史上,所谓进步是什么意义呢?所谓进步性的标准何在呢?

其次,我们都承认,唯物主义经常是表现先进阶级或阶层的利益的思想,而唯心主义经常是表现落后的或反动的阶级阶层的利益的思想。但是唯物主义与先进阶级的阶级利益,唯心主义与落后或反动阶级的阶级利益,是如何联系起来的呢?假如在伦理学说及历史观方面,许多的唯物主义者的思想与唯心主义者的思想在基本上没有很大的差别,那末唯物主义哲学家怎样为先进的阶级或阶层服务呢?此外,人们除了哲学思想,还有关于政治、法律的思想。在政治思想方面,也有进步与落后的斗争。进步的政治观点直接表现了进步的阶级或阶层的利益,而落后的或反动的政治观点直接表现了落后的或反动的阶级或阶层的利益。唯物主义与唯心主义的斗争,与政治思想的斗争,是如何联系的呢?假如唯物主义的宇宙观与进步的政治法律观点没有联系,那末我们说唯物主义是先进阶级或阶层的哲学,是什么意思呢?

我们说唯物主义经常是进步阶级或阶层的哲学,唯心主义经常是反动阶级或阶层的哲学,实际上就是认为,唯物主义的宇宙观、认识论在过去与现在经常是和进步的伦理学说政治思想相联系的,而唯心主义的宇宙观、认识论在过去与现在经常是和落后的反动的伦理学说政治思想相联系的。实际上是否如此呢? 这就需要作一些比较细致的考察。

本书企图考察中国历史上伦理学说范围内进步思想与保守或反动思想的界线,以及伦理学说范围内的思想斗争与宇宙观认识论方面的唯物主义与唯心主义斗争的联系。这也就是,对于中国伦理思想发展变迁的规律性,作一些初步的考察。这个问题是很复杂的,所牵涉到的问题又很多。本文尝试大胆地提出问题,说明问题,但不一定能够解决问题。然而,应该承认,提出问题是解决问题的第一步。

二、关于伦理思想的阶级本质

在讨论中国伦理学说以前，对于有关伦理思想的阶级本质的若干问题，应该先作一些分析。必须先解决这些问题，才能着手研究中国的伦理学说。而在说明这些关于伦理思想的阶级本质的问题以前，又需要以唯物主义观点，对于道德的本质及其发展的规律作一些简单的解释。

马克思和恩格斯在人类思想史上第一次把唯物主义原则贯彻到社会领域，给道德现象以科学的解释，建立了科学的道德学说，并且奠定了共产主义道德的基本原则。马克思主义指出了道德的阶级性以及共产主义道德在推翻剥削者社会建立没有阶级的新社会的过程中的伟大作用。

道德就是关于人们的行为的规矩或准则，也就是人们对于家庭，对于本阶级以及其他阶级，对于本民族以及其他民族，所采取的行为的一定的标准。道德在本质上是为了某一范围内的人们的利益而提出的对于人们行为的约束或裁制。

　　道德起源于原始社会。在原始社会中道德是没有阶级性的。自从社会分裂为对立的阶级，道德也就带上了阶级的性质。在阶级社会中，不同的阶级有不同的道德。统治阶级的道德是加强统治、巩固其阶级利益的工具；而被压迫阶级的道德则是进行反抗斗争的武器。

　　在阶级社会中，实际上没有统一的全民的道德。统治阶级的道德是占统治地位的道德，它冒充为全民的道德，但那只是一种欺骗而已。被压迫阶级有自己的道德，有其自己关于善恶、正义与非正义的标准。恩格斯在《反杜林论》中指出，近代资本主义社会中有三种不同的道德，有"基督教的封建的道德"，有"近代资产阶级的道德"，还有"未来的无产阶级道德"。在中国长期的封建社会中，占统治地位的道德是封建地主阶级的道德，但劳动人民(主要是农民和手工业者)也有自己的道德。

　　然而，所谓道德的阶级性究竟是什么意思呢？一个阶级为了本阶级的利益而设立一种道德标准，这道德标准是为本阶级的利益服务的。但它如何为阶级利益服务呢？应该指出，道德的作用有两方面：一方面是团结本阶级中的人，消弭阶级内部的矛盾冲突；另一方面是影响其他阶级中的人而使他们也屈从于本阶级的利益。在阶级社会中，统治阶级的道德便是这样一方面调整本阶级中人与人之间的关系，一方面又柔化人民，使人民驯服化、软弱化。

　　在阶级社会中，统治阶级的道德是一个复杂的体系。其中既有对本阶级中人讲的德目，也有对被压迫阶级中人讲的德目；既有规定本阶级中人的行为的准则，也有规定被压迫阶级中人的行为的准则。

在阶级社会中不同的阶级有不同的道德。这些不同阶级的不同道德,是否彼此都是平列的,都是从本阶级看来是正确的、从别的阶级看来是不正确的,因而其间没有优劣是非之可言呢? 那又不然。马克思主义反对关于道德的相对主义,认为可以有一个客观的标准用来判断不同阶级的不同道德的优劣;可以判断哪个阶级的道德是进步的,哪个阶级的道德是保守的或反动的。这个标准就是社会发展的利益。马克思主义认为社会发展的利益就是最高的客观标准,是判断一切社会思想的价值准绳。列宁说过:"根据马克思主义的基本思想,社会发展的利益高于无产阶级的利益。"(《列宁全集》第 4 卷,第 207 页。人民出版社,1963 年版)无产阶级的利益所以是正当的,就因为它是完全与社会发展的利益一致的。在阶级社会中,每个阶级都在创立自己的道德,但不同阶级的不同道德之间有价值上的区别。资产阶级的道德相对主义是没有任何根据的。我们承认不同的道德之间有进步与反动的区别,凡是适合于社会物质生活发展需要的就是进步的,反之就是反动的。

因为我们有判断道德的进步与否的客观标准,我们就有可能来说明道德的进步与道德堕落的现象。在人类社会的发展过程中,生产力不断发展,生产关系也不断改变,道德也有一定程度的进步。原始社会的道德是淳朴的,然而在原始社会中,杀死俘虏是经常的事情。到了奴隶社会,把俘虏转变为奴隶,从保留俘虏的生命这一点来讲,不能不说是一种进步,但是在奴隶社会中,奴隶是可以由主人随意杀害的。到了封建社会,封建统治阶级的道德不允许随意杀害农民,这比奴隶社会又进了一步,但是封建社会中的农奴或佃农还受着惨重的超经济剥削,还有很严重的人身依附。在资本主义社会中,劳动者在形式上摆脱了人身依附,获得了形式上的平等,从这点说来,也是一个进步。在资本主义社会中,实际上劳动者还受着严重的经济压迫与政治压迫;但是,在资本主义社会中,劳动者得到了团结起来进行斗争的比较良好的条件,得到了开展解放斗争的比较宽广的地盘,这也是一种进步。所以,我们可以说:在阶级社会的演变过程中,生产关系的每一种新的形式都标志着劳动人民在反奴役反压迫的斗争中向前进了一步,因而在道德方面就向前进了一步。

但是,在阶级社会中,道德的进步常常是片面的,曲折的,在道德的进步之中,包含了道德的堕落。恩格斯在《家庭、私有制和国家的起源》一书中已经指出:从原始社会转到奴隶社会,"简直是一种堕落","一种离开古代氏族社会的纯朴道德高峰的堕落","最卑下的利益——庸俗的贪欲、粗暴的情欲、卑下的物欲、对公共财产的自私自利的掠夺——揭开了新的、文明的阶级社会"(《马克思恩格斯选集》第4卷,第94页。人民出版社,1972年版)。"由于文明时代的基础是一个阶级对另一个阶级的剥削,所以它的全部发展都是在经常的矛盾中进行的。生产的每一进步,同时也就是被压迫阶级即大多数人的生活状况的一个退步。对一些人是好事的,对另一些人必然是坏事,一个阶级的任何新的解放,必然是对另一个阶级的新的压迫。"(《马克思恩格斯选集》第4卷,第173页。人民出版社,1972年版)在阶级社会中一方面表现了道德的进步,一方面也表现了道德的堕落,道德的进步与堕落是交互错综的。

在某一阶级社会形态的相对发展的时期,其中统治阶级的道德在某一方面可能表现相对的进步性。到了那一阶级社会形态的没落时期,其中统治阶级的道德就接近破产了。道德堕落是一切剥削阶级在其衰落时期的特点。腐朽的旧统治阶级,在它接近末日的时期,常常是反道德主义(亦称非道德主义)的宣扬者。反道德主义,极端的利己主义,就是剥削阶级在其末日来临的时期道德堕落的特征。

不同的时代,不同的阶级,各有不同的道德。这些不同道德之中是否也有些共同的东西呢?应该承认,也有其一定的联系,也有一些共同范畴或者共同原则。但是这些共同范畴共同原则的大部分只是在形式上共同的,而在实际上,不同的时代不同的阶级对之有不同的了解。举几个例子,如“爱人”,可以说是不同时代不同阶级的各类道德中共同包含的一个原则,但爱什么人?如何爱?不同的阶级的了解是很不相同的。又如“诚实”、“信”,也是不同时代不同阶级的各类道德中所共同含有的一个原则,但对谁守信?在哪些事情上诚实?不同的阶级也有不同的了解。恩格斯在批评费尔巴哈的道德学说时指出:这个道德论“适用于一切时代、一切民族、一切情况;正因为如此,它在任何时候和任何地方都是不适用的,而在现实世界面前,是和康德的绝对命令一样软弱无力的”(《马克思恩格斯选集》第4卷,第236页。人民出版社,1972年版)。这个批评是非常深刻的。一切关于永恒道德或永恒正义的学说都是空洞的无力的,这是因为,不同类型的道德所包含的共同的因素的大部分只是形式上的。

除了形式上的共同原则之外,是否也还有实质上的共同要素呢? 或者,不同时代不同阶级的不同道德中所包含的共同的东西是否完全是形式的呢? 事实上,没有完全脱离实质的形式。既然不同时代不同阶级的道德之间,有其共同的形式,那末其内容也就有共同之点了。例如封建时代忠君的忠,资本主义时代忠于资产阶级民族的忠,社会主义时代忠于社会主义祖国的忠,实际上所服务的对象是不同的,然而其服务的态度却有共同之点。不同时代不同阶级的道德有其一定的共同要素,从人类历史的延续性来看,这些共同要素是存在的。

人类社会中有一些"人类的公共生活规则",这是共同生存于一个社会之中的任何人与人之间所应该遵守的简单规则。这些"公共生活规则"是任何阶级的道德的基础,也可以说即是不同阶级的道德所含有的共同要素。然而,这些"公共生活规则",在阶级社会中,却不是普遍遵行的。统治阶级的分子经常为了自私的利益而破坏这些基本的"公共生活规则",虽然他们在口头上也要加以推崇。只有经过社会主义革命消灭了阶级对抗以后,这些"公共生活规则",才能够成为人们的实际生活的规则。列宁在《国家与革命》一书中指出:"人们既然摆脱了资本主义奴隶制,摆脱了资本主义剥削制所造成的无数残暴、野蛮、荒谬和卑鄙的现象,也就会逐渐习惯于遵守数百年来人们就知道的、数千年来在一切处世格言上反复谈到的、起码的公共生活规则,自动地遵守这些规则……不需要所谓国家这种实行强制的特殊机构。"(《列宁选集》第 3 卷,第 247 页。人民出版社,1960 年版)这些人类的"公共生活规则"也就是不同时代的不同道德中的共同要素。这些共同的道德原则是一些最简单的规则,而且是在阶级社会中不可能普遍实行的,然而正如列宁所指出的,这些"公共生活规则"是数千年来久已存在的。人们曾经提出过这些"公共生活规则",是一件事实。

道德是有阶级性的,关于道德的学说更是有阶级性的。不同阶级的理论家们提出了不同的伦理学说;不同的伦理学说反映了不同阶级或阶层的利益。

然而,思想学说与阶级斗争的联系是非常复杂的。在社会发展的某一阶段中,有在当时占统治地位的思想学说,这些思想是那在当时占统治地位的阶级的利益的理论表现,起到了巩固、维持当时社会的经济基础的作用。其次,在社会发展的某一时期中,经常出现一些新的思想学说,这些思想学说反映了被剥削阶级的利益与要求,表达了人民大众的情绪与愿望。它不是巩固当时的经济基础的,而是倾向于破坏当时的经济基础的。任何阶级社会的经济基础都包含着对抗性的因素,任何阶级社会的生产关系都是一个阶级压迫剥削另一个阶级的关系。被剥削阶级经常展开反对剥削阶级的斗争,这种反抗斗争,以及人民的要求与愿望,在思想学说方面必然有所反映。这些反映被剥削阶级利益的思想学说,就是先进的新思想。

列宁提出了两种文化的著名理论。他指出:"每个民族的文化里面,都有一些哪怕是还不大发达的民主主义和社会主义的文化成分,因为每个民族里面都有劳动群众和被剥削群众,他们的生活条件必然会产生民主主义的和社会主义的思想体系。"(《列宁全集》第20卷,第6页。人民出版社,1963年版)"每一个现代民族中,都有两个民族。每一种民族文化中,都有两种民族文化。有普利什凯维奇、古契柯夫和司徒卢威之流的大俄罗斯文化,但也有以车尔尼雪夫斯基和普列汉诺夫为代表的大俄罗斯文化。"(《列宁全集》第20卷,第15页。人民出版社,1963年版)列宁所讲的是资本主义社会的情况。显然,这个原则也同样适用于封建社会。

现在需要讨论一个问题:在阶级社会中,那些反映劳动人民的要求与愿望的思想学说是哪一阶级或阶层的人所提出的呢?按照列宁的解释,这些民主的思想是劳动群众和被剥削群众的生活条件的反映。但是,这些思想是否就是劳动人民自己提出来的呢?当然,劳动人民也能够提出一些表现他们的要求的简单观念或简单口号来,但是比较完整的与统治阶级思想体系相对立的新的思想学说,却常常是统治阶级中的先进的思想家或进步的知识分子所提出来的。列宁曾经明确地指出:"工人当时也不可能有社会民主主义的意识。这种意识只能从外面灌输进去。各国历史都证明:工人阶级单靠自己的力量,只能形成工联主义的意识。""而社会主义学说是由有产阶级中学识丰富的人即知识分子创造的哲学、历史和经济的理论中成长起来的。现代科学社会主义的创始人马克思和恩格斯本人,按他们的社会地位来说,也曾经是资产阶级的知识分子。"(《列宁全集》第5卷,第342—343页。人民出版社,1963年版)资本主义社会里的工人阶级不可能自己提出彻底的革命理论,那末,封建社会里的农民就更是如此了。

统治阶级的知识分子为什么会提出反对统治阶级的利益的革命的新思想呢?这是由于,在社会转变的时期,统治阶级的知识分子是有可能改变自己的阶级立场的。马克思与恩格斯在

《共产党宣言》中早已指出这个阶级立场转变的事实:"在阶级斗争接近决战的时期,统治阶级内部的、整个旧社会内部的瓦解过程,就达到非常强烈、非常尖锐的程度,甚至使得统治阶级中的一小部分人脱离统治阶级而归附于革命的阶级,即掌握着未来阶级。所以,正像过去贵族中有一部分人,转到资产阶级方面一样,现在资产阶级中也有一部分人,特别是已经提高到从理论上认识整个历史运动这一水平的一部分资产阶级思想家,转到无产阶级方面来了。"(《马克思恩格斯选集》第1卷,第261页。人民出版社,1972年版)知识分子改变自己的阶级立场,转过来为劳动人民的革命斗争而服务了。

其次,还有一个需要讨论的问题是:一个思想家改变阶级立场,他是否一定能做到彻底的转变呢?是否可以这样说:假如转变,就应该是彻底的转变;假如没有彻底转变,就不能算转变,就是仍然站在统治阶级方面?彻底转变的情形是有的,最显著的例证是资产阶级革命前夕的启蒙思想家以及无产阶级革命的伟大导师马克思和恩格斯。但是,不彻底的转变的情形,恐怕更要多些。我们可以举托尔斯泰做例子。列宁在《托尔斯泰和现代工人运动》一文中写道:"就出身和所受的教育来说,托尔斯泰是属于俄国上层地主贵族的,但是他抛弃了这个阶层的一切传统观点,他在自己的晚期作品里,对现代一切国家制度、教会制度、社会制度和经济制度作了激烈的批判……"(《列宁全集》第16卷,第330页。人民出版社,1963年版)这就是说,托尔斯泰是有所转变的,他的转变并不彻底,但是列宁并不因为托尔斯泰转变得不彻底而否认他的转变。这正是实事求是的科学态度。

历史上有很多的思想家,在一方面,他还接受一部分的传统思想,就是说,他还和统治阶级的利益有一定的联系;另一方面,他却突破了传统思想的束缚而提出一些新的观点新的主张,就是说,在某几点上他离开了统治阶级的利益,而走到与人民同休戚共悲乐的地步。这样的情形是屡见不鲜的。

一个剥削阶级出身的思想家所以能够冲破传统思想的束缚,就中国历史上的情形来看,大致由于两种原因:第一,统治阶级内部的矛盾斗争,使一些被排挤的不当权分子遭受到相当凄惨的命运,因而他们能够同情于劳动人民的悲惨生活。而且人民群众的英勇斗争也常常有"震聋启聩"的力量,使一些本身也遭受一定压迫的知识分子对于人民生活的客观需要有所认识。统治阶级中不当权的知识分子,一方面也靠剥削别人来维持生活,而一方面也遭受压迫,因而对于劳动人民的艰难困苦能够有比较深刻的认识与了解。这些人常常能够认识到或感受到经济制度方面的弊病,反对那过甚的阶级压迫,要求对劳动人民有所让步。第二,在种族矛盾或民族矛盾特别激化的时候,种族矛盾提到第一位,本族的统治阶级的长久利益与广大人民的利益有了一致之处。虽然腐朽的统治集团宁肯牺牲人民而出卖种族或民族的利益,而统治阶级中比较清醒的知识分子却能够进行反对统治集团的投降活动的斗争,这样也就符合了人民的要求。

一个思想家一方面接受了一些传统思想,另一方面又提出了一些新的见解。这样,在他的思想里,就呈现出矛盾错综的复杂情况。一个思想家的思想包含矛盾,是常有的事,其中可以有正面的东西,也可以有反面的东西;可以有新思想的发端,也可以有旧观念的残余。一方面他能够痛切地责斥旧社会的罪恶,另一方面他却又害怕即将升起的太阳所射出的光芒。

思想家的思想中的矛盾常常是他所在的时代与他所处的环境中所呈现的矛盾的一种反映。列宁在论到托尔斯泰的矛盾的时候,曾经给我们以深刻的启发。他在《列·尼·托尔斯泰》一文中写道:"托尔斯泰的观点中的矛盾不仅是他个人思想的矛盾,而且是一些极其复杂的矛盾条件、社会影响和历史传统的反映……"(《列宁全集》第16卷,第323页。人民出版社,1963年版)我们了解一切思想家的矛盾都应该这样来了解。

再次,在阶级社会中那些代表统治阶级的伦理思想是否一定具有反动性呢? 那也不尽然,还要看具体的历史条件,要看它出现在那个阶级社会存在的过程中的哪一个阶段。它或者是在那个阶级社会成立的初期,或者是在它相对地发展或相对地稳定的中期,或者是在它腐朽没落的末期。这三种情况是有区别的。历史上每一种阶级社会,在其成立的初期,它是比前一社会形态进了一步的,因而那些代表统治阶级利益的思想学说,起了促成或巩固新的社会形态、经济基础的作用,那就有相对的进步意义。封建社会或资本主义社会的情况都是如此。在其相对地稳定的中期,生产力还有发展的可能,因而那些占统治地位的思想学说有巩固基础的作用,也常常有调整经济制度的作用,所以是保守的,而不是反动的。到了一种阶级社会形态的末期,新生产力已经成熟了,旧的经济制度已成为生产发展必须克服的障碍了,这时那些旨在维护已经丧失了前途的经济制度的思想学说也就成为腐朽不堪的了。

我们判断一个学说的进步与否,有一个明确的基本标准,从马克思主义的观点看来,判断一个学说的进步或反动的标准就在于那个学说与社会发展的趋势或社会物质生活发展的需要之间的关系。假如那个学说是符合社会发展的趋势的,它就是进步的。反之,就是反动的。

社会发展的趋势是一个概括的观念,其中包括复杂的实际内容。社会物质生活发展的需要就是为了适应生产力的发展而改变生产关系的需要,然而,改变生产关系,有其不同的情况。假如旧的生产关系已经成为新的生产力发展的不堪忍受的束缚,非突破它不可,那就必须有革命的变革。在另一种情况下,生产力虽然还没有提高到必须打破旧生产关系的地步,但是,旧的生产关系却发生了严重的弊病,致使劳动人民(主要的生产力)遭受摧残,这种情况下,就必须对旧的生产关系加以调整,而不是加以推翻。后一种情况下,虽然也会发生人民的起义,但还不可能有从根本上改变经济制度的彻底的革命,在中国的长期封建时期内这种情况是屡见不鲜的。马克思说过:"无论哪一个社会形态,在它们所能容纳的全部生产力发挥出来以前,是决不会灭亡的;而新的更高的生产关系,在它存在的物质条件在旧社会胎胞里成熟以前,是决不会出现的。"(《马克思恩格斯全集》第13卷,第9页。人民出版社,1960年版)中国封建社会所以延续的时间很长,正是因为其中生产力还有充分发展的余地,而新的生产关系赖以建立的物质条件还没有成熟。总之,在不同的情况下,社会物质生活发展的需要也是不同的。

思想学说与经济基础的联系,思想学说与阶级斗争的联系,都是极端复杂的,我们不应该简单化,不能够用一些抽象的公式去替代并埋没那生动复杂的实际。马克思主义要求我们对于一切思想进行阶级分析,马克思主义也要求我们坚决地反对阶级分析的庸俗化。

由以上的讨论,我们达到了几点基本认识:

(1)在阶级社会的任何时期中,不同的阶级各有其自己的道德。不同阶级的不同道德之间有先进、保守或反动的分别,同时各阶级的不同的道德之间也有种种联系。

(2)在一定的历史阶段,有维护统治阶级利益的思想学说,也有反映人民的生活条件的先进思想学说。统治阶级的知识分子可以由于种种原因而冲破统治阶级利益的限界而采取同情人民赞助人民的态度,因而他们可能提出对于当时社会制度的批判,即具有批评因素的思想学说,而这些思想学说的批判性质也可以有种种不同的程度。

(3)那些为统治阶级的利益作辩护的伦理思想,在不同的时期、不同的历史条件下,可以有不同的作用。

伦理思想都有其阶级本质,然而,对于一个哲学家的伦理思想进行阶级分析,也需要深入地考察其中的复杂情况。

三、中国伦理思想的演变及其基本类别

    中国伦理思想或道德学说包括三方面的内容:第一,关于道德标准或道德理想以及如何分别是非善恶的基本原则的学说。例如关于"仁义"的学说就是关于道德标准的思想,"义利"与"理欲"问题的争论都是关于道德的基本原则的学说。第二,对于道德行为或道德现象的解释,对于道德起源的探讨。有人宣称道德是本于"天意"或出于"天命"的,有人断言道德与天意天命无关,而是以人间的关系为基础的;有人从人们的物质生活情况解释道德行为的情况,有人却认为道德是完全超越物质生活之上的。这些都是对于道德行为的解释。第三,关于修养方法的思想,即关于如何提高道德品质的方法的学说。三个方面中,都反映了进步思想与保守的反动的思想的斗争,而且这三方面是互相关涉的,其间有密切而不可分的联系。

    中国伦理思想,从春秋战国以来,有一个长期的发展过程。

    春秋战国时代是一个从奴隶制度向封建制度过渡的时代,秦汉到清代中期是封建制度由巩固而发展、而蜕变、而没落的时代。从春秋战国时代起，一直到清代的中期止，中国伦理思想的发展，就是中国的封建伦理学说胚胎、发展、演变与没落的过程。本文所要讨论的中国伦理学说，以春秋战国到清代中期为范围。

中国封建伦理思想从形成到没落的长期演变过程，可以分为四个阶段：第一个阶段是封建伦理胚胎与形成的时期，这就是春秋战国时代。孔子首先提出了封建道德的基本原则，奠定了封建道德的基础，老子和墨子则提出了一些批评的或补充的意见。第二个阶段是封建伦理宗教化的时期，自汉代起，到唐末五代止。在汉代，封建制度已经巩固了，封建道德带上了宗教的色彩。董仲舒是把儒家伦理学说宗教化的主要人物。在汉代，孔子被捧上了神坛，而老子也被汉末形成的道教当作教主，甚至墨子在《神仙传》中也占了一个位置，宗教的气氛弥漫了一切方面。随着佛教的输入，佛教和儒家的伦理学说逐渐结合起来（虽然也有很多的斗争），统治集团利用佛教的教义作为儒家的伦理学说的神学补充，天堂地狱因果报应的宣传成为忠孝说教的有力辅助。从两汉南北朝到隋唐时代，封建道德成为宗教道德。第三个阶段是封建伦理定型化的时期，从北宋到明代的中期。在汉晋南北朝时代，进步的思想家一直在进行反对宗教道德观念的斗争。到北宋时代，这种反宗教道德的斗争得到了决定性的胜利，于是代表封建统治阶级利益的思想家们，为了巩固统治阶级的长久利益，就提出了以理为最高范畴的理一元论的思想体系，用来论证封建道德，于是封建道德有了比以前更固定的形式。完成这项工作的人是朱熹。所谓礼教的箝制力量比以前更加强了，同时也就更容易流于虚伪了。第四个阶段是封建伦理动摇的时期,从明代中期开始到清代的中期。在明代中期,封建道德已经逐渐变成僵硬的教条和虚伪的装饰。为了更有效地维护统治阶级的利益,需要设法把僵硬的化为灵活的,把虚伪的变成诚心的。于是王守仁以主观唯心主义代替朱熹的泛理主义,企图使人们从内心里信仰并奉行封建道德。自从明代中期以来,东南一带出现了市民的反抗斗争,于是少数进步学者的思想也就更进一步带上了人本主义的色彩。明清之际的进步思想家的伦理学说,在不同的程度上,都具有对于封建道德的批判的因素。

以上是从春秋战国时代起到清代中期止的伦理思想发展演变的过程的简括的估计。

在这个漫长的过程中,有几种不同的伦理思想在那里进行斗争呢?

在中国的长期封建社会中,基本上存在着两种道德:一种是封建统治阶级的道德,即封建道德;一种是人民的道德,即封建社会中受压迫的劳动者的道德。这两种道德不是彼此孤立,除了相互对立的关系以外,还有相互渗透的关系。人民道德常因受到封建道德的影响而不可能具有彻底的革命性;同时,统治阶级中因种种原因而同情人民的先进思想家也常常会在某一点上接近人民的道德。

封建统治阶级的道德与人民道德之间有相互对立而又相互渗透的关系,因而伦理思想便呈现了复杂错综的面貌。在封建社会中,劳动人民自己不可能提出有系统的伦理学说来,所有的伦理学说都是统治阶级知识分子提出来的。由于思想家们对于劳动人民采取了不同的态度,于是出现了各种不同的伦理学说。

作者初步研究的结果,可以尝试地说,从春秋战国到清朝中期,中国伦理思想大致有五大类:第一,为封建地主阶级根本利益作辩护的伦理思想;第二,春秋战国时代部分反映小生产者要求的伦理思想;第三,秦汉以后对于封建地主阶级道德提出批评性的解释的伦理思想;第四,秦汉以后反对封建地主阶级道德的伦理思想;第五,表现了反道德主义的腐朽的伦理思想。

第一类包括先秦时代的儒家伦理思想,汉魏南北朝隋唐时代的宗教道德思想,以及宋明时代的泛理主义的伦理思想与主观唯心主义的伦理思想。先秦时代的孔子、孟子、荀子的伦理思想,因为处在从奴隶制到封建制的过渡时期,在当时具有一定的进步性。汉唐的宗教道德思想,宋明的泛理主义与主观唯心主义的伦理思想,都是当时占统治地位的伦理思想,都是巩固封建经济制度的工具,因而具有保守性或反动性。

第二类包括先秦的道家与墨家的伦理思想。道家提出了对于当时的社会制度的批判,在一定程度上反映了小农的一些要求。墨家的思想反映了独立手工业者改善生活的要求,对于当时奴隶主贵族的道德及儒家的伦理学说都提出了批评。道家墨家都没有提出革命的主张,但他们的学说都是具有批评因素的。

第三类包括王充、范缜、裴頠、谭峭(《化书》)、张载、邓牧、王夫之、颜元、戴震等先进思想家的伦理学说。这些思想家的伦理学说,一方面没有否定封建道德的企图,基本上还是倾向于维持封建道德的;另一方面,或者反对封建道德宗教化,或者更对于封建道德提出新的解释,其主要方向是要求调整各阶级之间的关系,要求减轻阶级压迫,使人民的生活有所改善。这些伦理学说都包含了批评的因素。

第四类包括《抱朴子·诘鲍篇》所叙述的鲍敬言,唐末的《无能子》,明末的李贽等的伦理思想。这些思想表现了反对封建道德的倾向,是人民的反抗斗争的比较显明的反映。这些思想的内容都是比较简单的,主要是对于封建道德观念的抗议与反驳,而不能够提出建设性的详细理论。这些思想在历史上是比较罕见的,是在阶级斗争相当剧烈的时期出现的。

第五类是豪强权贵的思想。统治阶级中的腐朽的统治集团经常是不遵守封建道德的约束的,他们只追求目前的快乐,狭隘的私利,既不顾人民的死活,也不顾统治阶级的长久利益。那些代表封建统治阶级的根本利益的思想,也是遭受这些腐朽的统治集团之排斥的。这些腐朽透顶的人们,既创造不出理论学说来,也没有正式的思想代表。实际上这些人倾向于反道德主义,不要任何的道德。魏晋时代无名氏所写的《杨朱篇》中的一部分反映了这种意识。

这个"五分法"仅只是一个粗略的分法,远远不够精密,而且各类之间的界限也是相对的。同时,每一个思想家的思想都是相当复杂的,往往有自己不一致的地方。因而归类常常是很困难的。思想本来是复杂的,不可能加上死板的格式。

然而,从探求思想发展的基本规律的观点来看,这个"五分法"也许又太烦琐了,没有揭示出伦理思想斗争的基本阵线来。到底中国过去的伦理思想斗争的基本阵线何在呢? 我们可以这样说,在中国过去的伦理思想的范围内,基本上是两种思想在那里斗争。一方面是辩护性的蒙昧性的伦理思想,一方面是批评性的启蒙性的伦理思想。前者是维持封建的经济基础的,而后者是在不同的程度上反映了人民的要求与愿望的。前者是为封建制度作辩护的,而后者是要求改变或调整封建制度的。在秦汉以后的时代中,上述第三类与第四类的伦理学说,都是批评性的启蒙性的伦理思想。

可能提出这样的问题:对于封建的阶级剥削关系略加调节,使劳动人民比较"过得去"一些,岂不是更延长了封建制度的寿命吗?有什么进步性之可言呢?应该指出,减轻阶级压迫的思想在不同的条件下有其不同的实际意义。假如在生产关系中还有生产力发展的余地,新生产关系的物质前提还没有成熟,而由于统治集团的残暴腐化,以致生产力萎缩,劳动人民不得喘息,在这样的条件下,要求减轻剥削而对人民作重大让步的学说,应该是有进步性的。在中国历史上屡见不鲜的,正是这种情况。假如革命的条件已经接近成熟了,在那时宣传减轻剥削,那就不过是企图阻碍人民的革命斗争了。

在封建社会中,农民固然也往往提出平均主义的口号,但是在大多数情况下,农民的主要愿望是在当时的制度之下过好一点的生活。所以农民常常期望出现"好皇帝"。这样,农民自己的要求与愿望也是有局限性的,那些出身于统治阶级的先进思想家也有其不易避免的局限性,就更可以理解了。

从两汉到清代,所有的唯物主义哲学家的伦理观点都是属于第三类的,都是要求减轻阶级压迫而并不是从根本上反对封建道德的。这不能说是偶然的,这表现了一条基本的规律。

应该肯定,在封建社会内,一切具有批评因素的伦理学说在当时都是进步的。

关于空想的学说中的批评因素之实际意义,列宁在批评托尔斯泰的论文中曾给以深刻的分析。他说:"托尔斯泰的学说无疑是空想的,就其内容来说是反动的(这里反动的一词,是就这个词的最正确最深刻的含义用的)。但是决不应该因此得出结论说,这个学说不是社会主义的,这个学说里没有可以为启发先进阶级提供宝贵材料的批判成分。""托尔斯泰的空想学说正像许多空想学派一样,是具有批判成分的。但是不要忘记马克思的深刻指示:空想社会主义的批判成分的意义'恰与历史发展进程成反比例'。"(《列宁全集》第 17 卷,第 35 页。人民出版社,1963 年版)托尔斯泰的悲观主义、不抵抗主义等"在内容上是反动的",但也还有"批判的成分"。那些唯物主义哲学家的批判宗教道德而有人本主义倾向的伦理思想,假如是具有批判当时阶级关系的批判成分,那不就更应该承认么?但是,空想学说中批评部分的价值是随着社会的发展而逐渐减少的。在革命条件接近成熟的时候,还要宣传旧日的仅仅具有批评因素的学说,当然就是反动的了。然而,在并不具备推翻封建统治的历史条件下,有批评性的伦理学说是进步的。

四、宗教道德与人本主义倾向的对立

在历史上,有旨在巩固当时统治阶级的统治力量的伦理学说,也有主张减轻阶级压迫,因而具有对于传统道德的批评因素的伦理学说。前者是保守的或反动的,后者是进步的。在历史上,保守的或反动的伦理思想与进步的伦理思想的对立,在一定条件下,表现为宗教道德观念与人本主义思想的对立。

统治的剥削阶级,为了维持其自私的反人民的阶级利益,宣扬宗教道德,把道德说成神的指示,说成神的意志的体现,以所谓"天意"与"天道福善祸淫"的说教作为统治阶级道德的支柱,宣传人们必须服从神的意志,接受神的命令来实行他们所宣传的道德。

进步的思想家提出了非宗教的伦理学说,以与宗教道德相对抗。他们宣称,人们的道德既非源于神意,也非企求上帝福佑的手段,而完全是决定于人世间的关系的。这种非宗教的伦理学说可以称为以人为本的伦理学说。

宗教道德观念，企图从宗教信仰中引申出道德来，给道德以宗教的基础。例如汉代的董仲舒，就企图把"天志"、"天命"和道德联系起来，使封建道德具有神秘的意义。佛教输入后，儒佛之间展开了不少的斗争。佛教是要求教徒出家的，既"不事父母"，也"不敬王者"，本来和儒家所宣扬的忠孝有显著的冲突。但是统治集团的人们体会到佛教是比儒家学说更巧妙更有效的麻痹人民反抗意志的工具，渐渐地也就学会把儒家与佛教相互配合起来。佛教的生死轮回、因果报应等等迷信，成为对人民宣传忠孝的辅助。利用天堂地狱、前生来世等等恐吓人民，企图使人民驯柔屈服不敢反抗。明清时代地主阶级努力传布所谓"善书"，都采取了这种方式。

人本主义的伦理学说，提出了对于宗教道德的反驳。人本主义的伦理学说，反对从"天志"、"天命"中引申道德，而主张从人世间的关系来说明道德；否认一切关于因果报应前生来世的迷信，而肯定道德是现实生活中所必需的，应该在现实生活中达到理想。人本主义认为，在关于人生的问题上，人本身就是最重要的；人的生活，就是道德的出发点。

孔子已经表现了人本主义的倾向，他虽然常常在感叹中提到天，而在理论上却从没有把仁义与天道联系起来。孔子主张"务民之义，敬鬼神而远之"（《论语·雍也》），显然认为"义"与鬼神是不相干的。他认为人生的准则乃是人生所必需的："谁能出不由户，何莫由斯道也！"（同上）人生之道是人类生活必须遵循的准则。应该承认，孔子是从人世间的关系来说明仁义的。

在先秦时代，最显著的人本主义思想家是荀子。荀子完全从人类共同生活的需要来说明道德的起源:"水火有气而无生,草木有生而无知,禽兽有知而无义;人有气有生有知亦且有义,故最为天下贵也。力不若牛,走不若马,而牛马为用,何也?曰:人能群,彼不能群也。人何以能群?曰:分。分何以能行?曰:义。故义以分则和,和则一,一则多力,多力则强,强则胜物。"(《王制》)人类必须合群,才能战胜鸟兽;必须实行一定的道德准则,才能合群。为了维持人群的共同生活,人们才创造出道德规范来。在宇宙观方面,荀子进行了反对宗教迷信的斗争;在伦理学说方面,他完全排除了宗教道德。荀子是一个坚决的唯物主义者,他虽然不能把唯物主义贯彻到社会生活方面,然而能够明确地论证了人们的道德起源于人世间的关系。

汉代的王充,对于当时的许多迷信曾提出了摧毁性的批判,对于当时的宗教思想中的以祸福报应来讲道德的说法也加以反驳。他指出"世论行善者福至,为恶者祸来",是虚妄的。"如实论之,安得福祐乎?"(《论衡·福虚》)王充在伦理学说方面的一个贡献是他着重地阐明了物质生活与道德的联系的问题。在先秦时代,一部分思想家已经指出道德是与物质生活情况有关联的。《管子·牧民》篇中讲"仓廪实则知礼节,衣食足则知荣辱"。生活资料的充分与不充分决定人们道德意识的有无。孟子也曾经指出:"明君制民之产,必使仰足以事父母,俯足以畜妻子,乐岁终身饱,凶年免于死亡,然后驱而之善,故民之从之也轻。今也制民之产,仰不足以事父母,俯不足以畜妻子,乐岁终身苦,凶年不免于死亡,此惟救死而恐不赡,奚暇治礼义哉?"(《梁惠王上》)承认人们物质生活的情况对于人的道德行为有决定的作用。王充发挥了这种观点,认为"让生于有余,争起于不足"。他根据"饥岁之春,不食亲戚;穰岁之秋,召及四邻"的现象(这四句是根据《韩非子·五蠹》篇的文句推衍出来的),得到"礼义之行在谷足也"的结论(引文见《论衡·治期》篇)。这些肯定物质生活与道德之间的联系的观点,虽然是简单的,然而不能不说是很有价值的。不过他们主要是讲生活资料与道德的关系,不是讲生产状况与道德的联系。《管子》与《孟子》所说,不过是指出事实上的情况,还不算正式提出一种学说。王充所讲的,应该承认,是有理论意义的了。

范缜在反佛斗争中,批判了佛教所散布的宗教道德思想。他指出,佛教以天堂地狱、祸福报应的妄说诱惑并且恐吓人民,结果,人们尤其是贵族们,专意追求福报,"竭财以赴僧,破产以趋佛",于是自私自利的恶劣风气更变本加厉了。

在反对佛教唯心主义的斗争中,张载有重大的贡献。他驳斥了生死轮回的观念,指出佛教"以人生为幻妄,以有为为疣赘,以世界为荫浊"(《正蒙·乾称》篇),乃是谬妄的。张载提出了自己的关于道德的理论。他从人与人之间的自然关系引出道德。人与人之间,有其自然而然的关系,自觉地实现这些关系就是道德。人和人都是同类,有同类的关系,所以,就应该把别人看做同类,看做自己的兄弟,这就是道德。张载认为,一切人都生于天地之间,构成身体的材料是一样的,所具有的本性也是一样的,所以都是兄弟。对于那些颠连穷苦的人更应该以对兄弟的态度对待他们。张载也有从自然规律中引出道德的倾向:"循天下之理之谓道,得天下之理之谓德。"(《正蒙·至当》篇)但他也指出了天道和人道的基本区别："天地则何意于仁？鼓万物而已。圣人则仁耳。""鼓万物而不与圣人同忧，则于是分出天人之道，人不可以混天。""'鼓万物而不与圣人同忧'者，此直谓天也，天则无心。"（《易说》）自然界虽然有其规律，然而是无意识的，无目的的。天地产生万物，不分善恶，不分良莠，"天不能皆生善人，正以天无意也"（同上）；而人却有一定的目的，要分别善恶，因而必须"用思虑忧患以经世"（同上）。自然的规律和道德的准则之间，既有联系，也有区别。张载以人与人之间的自然关系为道德的基础，而不能认识道德的社会历史的性质，有很显著的局限性。但他坚决反对宗教道德，反对任何从神学目的论的宇宙观中引出道德的企图，这是和他的唯物主义宇宙观相适应的。

从范缜到张载的许多唯物主义者反对佛教的宗教道德观念的斗争，使那些关于祸福报应、前生来世等迷信思想在知识分子中间失掉了威信。这样，宋代的唯心主义哲学家如程颢、程颐、朱熹、陆九渊等，虽然建立起唯心主义的体系，却不再鼓吹宗教道德。这些唯心主义者没有披上宗教的外衣。他们一方面反对宗教道德，当然另一方面也保留了宗教道德的一部分内容，例如禁欲主义等。但他们不从来世彼岸等来论证禁欲主义。在西方，近代一些唯心主义者常常把证明上帝存在当作一个主要课题，这种情形在中国宋明时代是完全没有的。宋代以后在中国封建社会中占统治地位的思想不是像西方基督教那样的宗教思想。

朱熹、陆九渊两派唯心主义者，虽然排斥了关于祸福报应的宗教观念，然而保留了宗教的鄙视肉体的态度。他们不看重身体，不看重生存欲望。在他们看来，好像人的身体是心性发挥作用的障碍。宋代以后的唯物主义者,在伦理思想方面,展开了批判"贱形"、"窒欲"的思想斗争。在这场斗争中,清代的三个思想家王夫之、颜元、戴震有巨大贡献。

王夫之提出了"珍生"的主张:"人者生之徒。既以有是人矣,则不得不珍其生。"(《周易外传》卷二)人的生命是珍贵的,应该重视。"圣人尽人道而合天德。合天德者健以存生之理,尽人道者动以顺生之几。"(同上)他也想把自然规律(天德)与道德准则(人道)联系起来,但主要的是保持生命的本性(存生之理)、畅遂生命的潜能(顺生之几)。王夫之坚决排斥一切"贱形"、"贱生"的宗教思想:"贱形必贱情,贱情必贱生,贱生必贱仁义,贱仁义必离生。"(同上)贱形贱生,必然走到否认一切的虚无主义。王夫之强调了人道的重要:"天道不遗于禽兽,而人道则为人之独。"(《思问录·内篇》)他主张以人为改变天然。"人道之流行,以官天府地,裁成万物。"(同上)"先天而天弗违,人道之功大矣。"(同上)提高并发扬人道的意义,这也是人本主义的态度。

颜元激烈地反对贵性贱形的思想,肯定了性形的统一:"形性之形也,性形之性也。舍形则无性矣,舍性亦无形矣。失性者据形求之,尽性者于形尽之,贼其形则贼其性矣。"(《存人编》卷一)但是颜元还保留了天理人欲的划分。这是他的思想的局限性。给禁欲主义以决定性打击的是戴震。戴震指出,道德准则(理)和生存欲望(欲)不是相互对立的,而是统一的。他提出了关于"自然"与"必然"的关系的学说。他所谓必然即是标准的意思。就人而言,欲望就是自然,道德标准就是必然。他认为,自然可能发生偏差,对于自然加以调节使其不发生偏差,就是必然。必然是自然达到圆满状态所必须遵循的准则。道德准则并不是脱离生存欲望的。戴震痛切地指陈禁欲主义的危害："此理欲之辨适成忍而残杀之具。""此理欲之辨适以穷天下之人,尽转移为欺伪之人,为祸何可胜言也哉!"(《孟子字义疏证》卷下)戴震坚决地排斥任何离开人的生存欲望而谈道德的企图,这也是人本主义的倾向。

中国伦理学说中的人本主义思想,导源于孔子,到荀子而达到高度的发展。先秦的人本主义思想是和新兴地主阶级的社会斗争相联系的。汉代以后的唯物主义者,在伦理学说方面,都是反对宗教道德的,在不同的程度上,都具有人本主义的倾向。这些是和汉代以后封建社会中人民的反抗过度压迫的斗争相联系的,直接地或曲折地反映了人民反抗强暴的斗争。所有的唯物主义者,在伦理学说方面,都是反对宗教道德思想的斗士,从而发生了进步作用。

应该承认,在过去的时代,在宇宙观方面坚持唯物主义的思想家,虽然不能够从唯物的观点来观察社会生活,虽然不能够提出唯物主义的伦理学说,然而却展开了对于宗教道德的批判,提出了非宗教的伦理学说,论证了人们的道德起源于人世间的关系。这也就表现出了唯物主义者在伦理学说方面的进步性。

但是,这些人本主义的思想也都表现了严重的局限性。这些学说都是从抽象的人性观念出发的,仅仅注意人类作为一类生物所具有的共同的本性,而不能理解在阶级社会中不同阶级的人具有其不同的阶级性质。不能够把人的本性了解为"社会关系的总和",这是马克思主义以前的一切唯物主义者的共同缺点,是他们所不能克服的局限。然而也应该指出,在批判那些反动的腐朽的统治集团的残暴专横的时候,提出人性,也有其一定的实际意义。斯大林在一九四一年十一月六日的著名的演说中曾说:"道德败坏、丧失人性的德国侵略者早已堕落到野兽般的地步,——单是这一点就说明他们必然自取灭亡。"(斯大林:《论苏联伟大卫国战争》。人民出版社,1954年版)这个有深刻意义的判断是完全正确的,揭示人性,正足以打中那些野兽主义者的要害。

其次,中国过去有人本主义思想的哲学家都过分地强调了道德的重要。他们把道德问题看做社会生活中最重要的问题,而不能够认识人们的道德是经济制度和阶级关系的反映。他们企图建立"永恒正义"的原则,作为改善当时的实际情况的依据。这也是马克思主义以前的进步思想家的共同缺点,是他们不能克服的局限。曾经起过进步作用的空想社会主义者就有这个短处。他们把改造社会的必要性建立在正义仁爱的原则上。中国历史上的道德理论家都是把道德修养问题看作解决其它问题的关键,因而在社会现象的理解上,完全陷入于历史唯心主义中,这也是过去的人本思想的历史局限性。

过去的反宗教道德的伦理学说,虽然在当时有不可避免的局限性,但是它们在历史上的进步意义还是必须肯定的。

这里还有一个问题需要加以分析,就是博爱思想的评价问题。博爱思想,在历史上,曾起了怎样的作用呢? 在历史上,博爱思想的实际意义是什么?

恩格斯曾经批评费尔巴哈的博爱学说,指出费尔巴哈的道德论是"贫乏和空洞"的,在"分成利益直接对立的阶级的社会里",

谈什么"彼此相爱"的老调子,"他的哲学中的最后一点革命性也消失了"(《马克思恩格斯全集》第 21 卷,第 333 页。人民出版社,1960 年版)。恩格斯对于费尔巴哈的批评是非常深刻的。但我们是否可以据此就断定历史上一切博爱学说都没有进步作用呢?

我们认为,历史上的博爱思想在不同条件下有不同的意义,这是不可一概而论的。我们应该对于具体条件作具体的分析。基督教是宣传博爱的,基督教是西方封建社会与资本主义社会中宗教道德的主要源泉。但是,博爱观念也是原始基督教所具有的,而且应该肯定:"原始基督教是作为奴隶和被压迫的、颠连无告的平民的宗教而出现的。"(康士坦丁诺夫主编《历史唯物主义》,第465 页。人民出版社,1955 年版)原始基督教中的博爱观念不能说是反动的。作为法国大革命的理论前导的法国唯物主义,为了反抗封建等级制度,提出了"自由、平等、博爱"的原则。这些原则当然只是资产阶级的民主要求的反映,然而在当时曾经起了巨大的进步作用。所以,应该承认,在历史上,博爱思想曾经起过进步的作用,而且曾经是和反宗教的伦理学说结合在一起的。

博爱思想在一定条件下似乎有缓和阶级的矛盾斗争的倾向。是否可以说,一切有缓和阶级矛盾倾向的思想在任何条件下都是反动的呢?事实上,我们不应该笼统地讲缓和阶级矛盾,而应该根据具体内容加以区别。有些人讲博爱的学说是对统治者讲的,实际上是要求统治者减轻阶级压迫。有些人讲博爱的学说是对劳动人民讲的,实际上是要求劳动人民停止阶级反抗。这二者是有重大的区别的。阶级斗争有两方面,一方面是阶级压迫,一方面是阶级反抗。这二者有本质的区别。

马克思主义要求我们不要掩饰阶级矛盾而要揭露阶级矛盾。这是马克思主义的一个充满了活力的革命原则,是极重要的。但是,假如研究思想史的时候,拿这个原则来要求过去的思想家,那就不是历史主义的作法了。实际上,过去思想家对于阶级对立仅仅有极其模糊的认识,决不可能提高到鼓舞劳动人民进行彻底的革命斗争的程度。

资产阶级的博爱观念隐藏着狭隘的阶级利益。社会主义的人道主义要求消灭人对人的一切压迫。马克思主义坚决反对以博爱说教代替革命斗争的任何尝试。但是在历史上,在革命任务还没有提出的条件下,博爱思想的意义是应该根据当时情况加以具体分析的。

五、中国历史上一些基本的
道德观念的分析

　　现在,应该对于中国历史上的一些基本的道德观念作一些比较具体的分析。

　　在中国封建社会内占统治地位的封建道德,内容是相当复杂的,而且也没有一贯的完全固定的公式,它随着社会情况的变迁而有所改变。孔子是奠定中国封建道德的基础的思想家,但是他并没有提出一个德目的体系来。他以仁为最高的道德,而把孝悌、忠信、礼、勇等等都从属于仁的总原则之下。封建道德的进一步条理化的工作是孟子所完成的。孟子提出了道德的三套条目,一套是"仁义礼智",一套是"孝悌忠信",一套是"父子有亲,君臣有义,夫妇有别,长幼有序,朋友有信"。这三套条目是既相关联又有区别的。在秦汉以后占统治地位的三纲观念,在先秦儒家典籍中并没有,倒是见于《韩非子》的《忠孝》篇:"臣事君,子事父,妻事夫,三者顺则天下治,三者逆则天下乱,此天下之常道也。"《管子》书中提出了"礼义廉耻,国之四维"的学说。后来有人把

"孝悌忠信"与"礼义廉耻"联系起来,成为八德,又是一套道德条目。在阴阳五行学说盛行的时候,董仲舒把信加在仁义礼智一起,成为"仁义礼智信",叫作五常。三纲五常成为汉代以后的封建道德的比较常用的公式。明清时代,关于封建道德条目的另一套公式"忠孝节义"又逐渐流行起来。总之,中国封建道德的观念是经过一个演变过程的。

我们要考察一下"仁义礼智"、"忠孝"、"廉耻"等基本观念,发现其实际意义,并且认识其在历史上演变的过程。为了发现每一观念之实际意义,需要从三方面加以考察:(1)它是对谁宣传的?(2)它是向谁施行的?(3)它是为谁设立的?这三个方面是彼此密切联系的。

先谈"仁义"。孔子着重地宣扬仁的道德。孔子所谓仁的中心意义是"爱人",也就是"己欲立而立人,己欲达而达人"。孔子的仁在基本上是士君子的道德,士君子应该"仁以为己任"(《论语·泰伯》),在从事道德修养的时候,须要"以友辅仁"(《颜渊》),"友其士之仁者"(《卫灵公》)。仁主要是对士君子讲的。"仁者爱人",爱哪些人呢?孔子说过:"民之于仁也,甚于水火。水火吾见蹈而死者矣,未见蹈仁而死者也。"(《卫灵公》)意思是说,民需要仁爱就像需要水火一样,而水火还有时会害人,仁爱是不会害人的。可见仁的道德的实施的对象,除了本人和士君子以外,还有所谓民。孟子讲仁,比孔子更明晰些。孟子提出了仁政的口号:"王如施仁政于民"(《梁惠王上》),仁是国君应该实行的道德,而施行的对象是人民。"亲亲而仁民,仁民而爱物。"(《尽心上》)孟子更认为仁也是"庶人"与"民"所应实行的道德:"天子不仁,不保四海。诸侯不仁,不保社稷。卿大夫不仁,不保宗庙。士庶人不仁,不保四体。"(《离娄上》)仁是天子以至于庶人的共同的行为标准:"圣人治天下,使有菽粟如水火。菽粟如水火,而民焉有不仁者乎?"(《尽心上》)这样,孟子认为,统治者对于人民应该仁爱,人民之间也应该彼此仁爱。至于人民对国君却不能说施仁了。

孔子、孟子的仁是有"差等"的爱,也就是分别远近分别等级的爱,对于不同等级或不同关系的人保持不同的态度。这样,仁又是维持等级分别及宗法关系的工具。

由此可见,孔子、孟子的仁有两方面的意义:一方面要求贵族以对待同类的态度对待一切人,尊重一般人民的人格;另一方面又保持宗法关系及等级制度,使地位低下的庶民不能夺取地主阶级所得到的特殊权利。这是从奴隶制到封建制过渡的时期地主阶级的地位与态度的一种反映。地主阶级分子在向贵族争夺政治权力的斗争中,要联络一些庶民,又要保持自己的特殊地位,所以提出了差等之爱的仁的学说。仁的学说,假如实行起来,对于人民还是有利的,因而在当时有进步的意义。

孔子所谓义只是当然的准则之意,不是一个特定的德目。孟子却赋予义以比较具体的含义,于是义成为一个特定的德目(《孟子》书中也有许多义字是当然的准则的意思)。所谓义主要是君臣之间或不同阶级不同等级的人们之间的一种道德责任。臣民事君应该有义,"事君无义"(《离娄上》)是不应该的。君对于臣民也应该行义,"君义莫不义"(同上)。所谓义对于君也提出了要求,对于臣民也提出了要求。什么要求呢?主要有两点:一是承认别人的社会地位或在家庭中的地位；二是尊重别人或别的家庭的私有财产。"义之实，从兄是也。"（《离娄上》）"敬长，义也。"（《尽心上》）尊重有特殊地位的人们的地位，是义的一项主要意义。"非其有而取之，非义也。"（同上）"人能充无穿窬之心，而义不可胜用也。"（《尽心下》）不侵犯别人的私产，尊重别人的所有权，是义的又一项主要意义。君主也不应该随意征取人民所有的东西："其取诸民之不义也。"（《万章下》）赋税超过限度也是不义。所谓义的阶级性质是非常明显的。虽然所谓义对于统治者的行为也提出了一定的限制，而在基本上是维持等级制度的，是巩固私产制度的。在战国时代，这所谓义基本上是有利于新兴地主阶级的，在当时还有进步的意义。

孔子虽然没有放弃对于天的信仰，但他讲道德，讲仁义，却是不从天道或天命来讲，因而孔子所讲的道德不是宗教道德。孟子却把道德与天道联系起来，认为仁义是天赋予人的，企图给与道德以天道的根据，于是接近了宗教道德的观点。孟子以后，荀子也是宣扬仁义的，但他把道德和宗教的联系完全割断了，而表现很鲜明的人本主义的色彩。荀子认为道德所以产生是由于它是人类共同生活所必需，它是聪明的人运用智慧而创造出来的。

在先秦时代，仁义不仅是代表地主阶级的儒家所宣扬的道德，而代表小生产者阶级的墨家也是宣扬仁义的。但是墨家所讲的仁义与儒家所讲的仁义，二者意义不同。墨家所谓仁即是兼爱，即是"无差等"的爱，这很明显地反映了地位低下的平民的要求。墨家并没有提出废除贵贱等级的主张，但是鼓吹"官无常贵，民无终贱"，要求放松贵贱的界限。墨家认为所谓义就是"国家人民之大利",强调了个人利益应服从于"国家人民之大利"。墨家所谓"国家人民之大利",包括了劳动人民的利益,也包括统治者"王公大人"的利益,而看不见两者之间的基本对立。墨家是企图调和阶级矛盾的,但主要是要求减轻阶级压迫,使劳动者能够达到"饥者得食,寒者得衣,劳者得息"的生活状态。

墨家的道德,虽然不是革命的道德,还应该承认是劳动者的道德。这种道德所具有的进步性与局限性乃是战国时代小生产者阶级的斗争性与软弱性的反映。

秦汉以后长期封建社会内劳动人民的道德是与墨家的道德有一定联系的。在汉代,人民的道德首先表现为游侠的道德。《史记·游侠列传》对于游侠的道德有很好的叙述。《史记》总论游侠的道德说:"今游侠其行虽不轨于正义,然其言必信,其行必果,已诺必诚,不爱其躯,赴士之厄困,既已存亡死生矣,而不矜其能,羞伐其德,盖亦有足多者焉。"又说:"虽时扞当世之文罔,然其私义廉洁退让,有足称者。"这明确地以游侠的"私义",与当世的"正义"对立起来,也就是以占统治地位的道德与游侠的人民道德对立起来。《史记》又讲朱家的德行说:"振人不赡,先从贫贱始。家无余财,衣不完采,食不重味,乘不过軥牛,专趋人之急,甚己之私。"(《史记·游侠列传》)这种舍己为人,救济贫乏的作风,就是汉代以后人民中间所谓义气。在长期封建社会内,人民所赞扬的道德就是义。这所谓义包含有团结、牺牲、守信、互助的精神。汉代以来,人民进行反抗斗争的组织,都是实行这种"义"的道德的。

随着地主阶级政权的建立,孔孟所宣扬的"仁义"成为封建统治阶级的道德的最高原则。在理论上为封建政权作辩护的董仲舒又提出了对于仁义的浅显易懂的解释。董仲舒宣称,仁是"爱人",即是利他;义是"正我",即是自己约束。他要求统治者和人民都要自己约束自己,统治者不应过分压榨人民,人民也不要反抗。这种说教完全是为封建统治阶级的长久利益服务的。董仲舒要求给一切奴隶以人的待遇,主张"去奴婢,除专杀之威"(《汉书·食货志》),这是他的进步的一面。

随着儒家所讲的道德变成为在社会上占统治地位的道德,这种道德也就披上了一层神秘的纱幕。董仲舒把儒家的道德宗教化了,把仁义与天道结合起来:"人受命于天,固超然异于群生,入有父子兄弟之亲,出有君臣上下之谊。"(《汉书·董仲舒传》)仁义的德行原于上帝的命令。"天亦人之曾祖父也,此人之所以乃上类天也。人之形体,化天数而成;人之血气,化天志而仁;人之德行,化天理而义。"(《春秋繁露·为人者天》)仁义是由"天志"、"天理"而来的。董仲舒认为天的命令与意志是人的道德的根源,也就是给封建道德以宗教的基础。

汉代以后的许多唯物主义哲学家也都承认仁义是道德的主要范畴。王充认为善的行为就是"仁义之操"(《论衡·率性》)。裴頠在反对西晋的腐朽贵族的反道德主义倾向之时,主张"贤人君子"应该"躬其力任,劳而后飨;居以仁顺,守以恭俭"(《崇有论》)。他在"崇有"的同时,也推崇了儒家的道德。他们的特点是要求统治集团减轻对于人民的剥削。王充斥责当时的官吏"烦扰农商,损下益上"(《论衡·答佞》),而以"下当其上,上安其下"(《自然》)为理想状态。裴頠强调了统治者应该"志无盈求,事无过用"

（《崇有论》）。这种态度在范缜那里也表现得很清楚。范缜进行了反对佛教的激烈斗争，他自己说明他所以主张"神灭"的动机是他不能忍受佛教对于政治道德的蠹害。当时一般人因受了佛教的影响，都变得"不恤亲戚，不怜穷匮"，而"厚我之情深，济物之意浅"的情况加甚起来。他主张缓和阶级之间的矛盾冲突，希望达到"小人甘其垄亩，君子保其恬素"，"下有余以奉其上，上无为以待其下"（见《神灭论》）。总之他是要求减轻阶级压迫的。

到了宋代，仁义依然是所有的思想家所共同承认的最高的道德范畴。但是唯物主义者与唯心主义者对于仁义的解释，彼此有所不同。张载以"兼爱"二字说明仁，以"天下之利"说明义。他主张"爱必兼爱"（《正蒙·诚明》），肯定"以爱己之心爱人则尽仁"（《正蒙·中正》）。他虽然不是主张取消一切差等，但他是反对强调差等的。他提出了"民吾同胞，物吾与也"的学说。这种要求把一切人都看成兄弟的学说有什么实际意义呢？这首先要看这个学说主要是对谁宣传的。事实上这个学说是对当时的士大夫讲的。要求士大夫们把人民看作兄弟，也就是要求统治阶级减轻对于人民的剥削。假如劳动人民也接受了这个学说，会有怎样的结果呢？那可能发生两方面的作用：一方面，人民把统治者看成兄弟，也就减轻了对于统治者的仇恨；另一方面，人民把统治者看成兄弟，也就减少对于统治者的畏惧，而要求统治者以对兄弟的态度对待人民。如果事实上统治者对于人民完全没有兄弟的感情，那反抗的情绪也许就更加甚了。这情况是复杂的。在革命势力已经高涨，统治阶级已经日暮途穷的条件下，宣传一切人都是同胞，那就是企图阻止革命的高涨而设法使统治阶级获得喘息。

在生产关系依然相当稳定，新的生产力还没有成熟，当时的主要问题是减轻阶级压迫的条件下，宣传一切人都是同胞，不能说是完全违反人民利益的。从北宋的实际情况来看，应该承认，张载的"民吾同胞"的学说还有一定的进步意义。张载更肯定了义与利的联系，而认为必须"利于民"才算是真正的利。他对于仁的解释和对于义的解释是相互适应的。

张载的伦理学说也有保守的一面，就是他鼓吹"物吾与也"，因而把"视天下无一物非我"的神秘经验看成生活的最高境界。这就使人离开实际，走到麻痹性的陶醉里去。这一倾向在程颢的伦理学说中特别发展了。程颢给予"仁"一个新的解释，认为仁就是"与物同体"，也即"与万物为一体"，不分内外，不分物我，与整体世界合而为一。于是一切矛盾冲突都没有了，实际上是从现实世界走入梦境去了。程颢所提出的关于仁的新学说，是与孔子所谓仁的原来意义不合的，它使仁的观念失去了朴素现实的意义。

程颐、朱熹又走了另一条道路，他们使仁的观念抽象化绝对化了。他们认为，仁义不仅是人类道德的最高标准，而且是天地万物的最初的根源。他们把为封建统治阶级服务的封建道德的基本原则绝对化永恒化了，把它看成客观的永恒不变的实体，看成世界的根源，事物的基础。这样就形成了泛理主义的思想体系，也可以叫做泛道德主义学说。这种学说的目的是很明显的，它就是为当时中央集权的专制主义封建制度作理论的辩护，企图把封建制度说成永恒不变的制度，巩固封建道德在人民中间的尊严与威信。

　　陆九渊和王守仁又与程颐、朱熹不同,他们一方面发挥程颢"与物同体"的学说,一方面更认为应该强调仁义道德的内心的根源。他们认为这以仁义为内容的心乃是天地万物的最初根源,天地万物只存在于心之中。陆王的这种主观唯心主义,把封建统治阶级的道德标准武断地说成为内心固有的倾向,使人们从内心里遵守封建道德标准的约束。陆王的伦理思想是对于程朱的伦理思想的一种补充,都是完全为日趋反动的封建统治阶级服务的。

　　明清之际的进步思想家王夫之、颜元等,展开斗争来反对程朱陆王的学说中特别反动的部分。但他们也都承认仁义是道德的最高范畴。清代中期的进步思想家戴震也是如此。他们的特点是把仁义与人类物质生活的要求联系起来,主张改善人民的实际生活状况,这是有进步意义的。

　　其次谈礼与智。礼的内含相当复杂,其中包括人与人相互之间的礼貌、高级统治者与其属下见面的仪节、贵族们婚丧祭祀的仪式等等。封建统治阶级所标榜的礼的阶级性是非常显著的,它是等级差别的体现,是阶级划分的体现。在孔子,礼是君臣相互之间的行为的一种规定,君对于臣,臣对于君,都要实行礼。(《论语·八佾》:"君使臣以礼。"又:"事君尽礼。")士大夫、平民,相互之间,也要实行礼。(《颜渊》:"与人恭而有礼。")礼在基本上是维持在上者对于人民的统治的一种工具:"上好礼,则民莫敢不敬。"(《子路》)所谓礼对于君主或当权贵族的行为也有一定的限制,不允许君主或当权贵族恣意胡为,但这种限制是为了维持统治阶级的长久利益。在历史上,礼随着时代的改变而有所改变。随着专制主义的加强,礼也变得更加严酷了。

孔子所谓智的意义是广泛的,其中包括由经验而得到的智慧。孟子所谓智则完全属于道德范畴:"是非之心,智也。"(《告子上》)智就是辨别是非善恶的能力。孟子讲这种意义的智,也就是提倡关于道德的先验主义或天赋观念论。这种关于道德的先验主义在宋明哲学中有很大势力。这种关于道德的先验主义就是把封建统治阶级的道德标准说成为人人共有的天赋观念。木来是封建统治阶级为了自己的阶级利益而设立的道德,却被说成为一切人们生来就有的倾向。这也就是宣传:一切人生来都是要求等级差别的,都是愿意接受统治者的不平等的待遇的。汉代以后,这成为巩固统治阶级的统治力量的说教。宋明时代的主观唯心主义者特别强调这种关于道德的先验主义,竭力鼓吹所谓"本心"与"良知",企图用良知的宣传来挽救封建道德的颓势。

其次,谈到忠孝。在先秦时代,所谓忠是有广泛意义的,忠就是积极帮助别人,曾子的三省,其中一条是"为人谋而不忠乎?"(《论语·学而》)尽心帮助别人叫做忠。孟子也讲过:"教人以善谓之忠。"(《滕文公上》)忠是人与人相互之间的行为的一个标准。人臣对于人君尽心服务,也叫做忠。孔子说过:"臣事君以忠。"(《论语·八佾》)但忠不仅是人臣的道德。孟子却不甚注重人臣的忠:"君之视臣如手足,则臣视君如腹心。君之视臣如犬马,则臣视君如国人。君之视臣如土芥,则臣视君如寇雠。"(《离娄下》)在孟子看来,君臣关系是相对的。秦汉以后,地主阶级政权确立以后,忠君的道德愈来愈被强调起来了。

孝是儒家、墨家、道家所共同重视的道德。儒家以"孝悌"为仁义的基础。《老子》菲薄仁义,却要求"民复孝慈"。墨子也是主张爱亲的。"爱无差等,施由亲始",不仅是墨者夷子一人的态度。墨家以为,如能实行兼爱,则"为人父必慈,为人子必孝"(《兼爱下》)。孝本来是和氏族制度与家庭相互关联的,儒家却想利用孝来巩固等级制度。孔子说:"孝慈则忠。"(《论语·为政》)统治者提倡孝慈,人民就会有忠君之德了。但是孔子孟子并不把孝看成最高道德,同时所谓孝也不是把父权绝对化。"天下无不是的父母"的绝对父权的孝,乃是南宋以后的事情。

总之,先秦儒家所谓忠孝并没有绝对君权绝对父权的意义。随着中央集权专制主义的逐渐加强,君权父权也就加强起来。到宋明时代,达到了顶峰。至于强调夫权,也是宋代以后的事。在汉宋的唯物主义哲学家的著作中,虽然肯定了仁义,却从来没有宣传"三纲"的。

最后,谈一谈"廉"与"耻"。廉是在资财上公私人我界限分明,不随便取受财物。廉与贪相对,廉就是不贪污。很显然的,廉是最高统治者与人民对于官吏的要求,是官吏应该实行的道德。假如官吏能实行廉,这一方面适合于统治阶级的长久利益,一方面也与人民有利。人民是欢迎廉吏或清官的。历史上有许多清廉官吏如包拯、海瑞等,受到了人民的热烈颂扬。廉是封建道德中的一项,也有巩固封建制度的作用,但是也符合了人民的要求。

耻是不忍受侮辱,忍辱就是无耻。孔子认为,对人过于卑屈是可耻的。(《论语·公冶长》:"巧言令色足恭,左丘明耻之,丘亦耻之。")自己违背自己的言语,也是可耻的。(《宪问》:"君子耻其言而过其行。")先秦儒家提倡"知耻",反映了当时的士与平民看重自己的独立人格的要求。孔子说过:"三军可夺帅也,匹夫不可夺志也。"(《子罕》)匹夫指平民而言。平民有其独立的意志。耻可以鼓舞平民进行反抗屈辱的斗争,所以人民也看重耻。有耻是有独立人格的一个重要标志。

以上对于中国封建社会中占统治地位的道德以及人民的道德中的一些基本观念尝试作了一些简单的分析。可以看出,封建社会中道德观念的情况是很复杂的。有的道德观念对于不同的阶级具有不同的意义,而这些观念是不同阶级的道德所共同具有的。有的道德观念(大多数如此)在不同的时代具有不同的意义,它经过了一个演变的过程。在封建统治阶级的道德中,有一些德目虽然是为了统治阶级长久利益而设立的,但也符合于人民在某一时期中的愿望与要求。也有一些德目是违反人民的利益的。尽力为统治阶级服务的思想家,总是设法巩固封建道德对于人民的权威,而注意到人民的痛苦的先进思想家则提出对于传统道德的新解释。

一般说来,主张减轻阶级压迫的伦理思想在当时都具有进步的意义。而那些在实际上反对暴虐、攻击贪污、廉洁自持、实行"惠政"的人物,对于他们影响所及的人民颇有好处,他们受到人民的热烈颂扬,是可以理解的。甚至在政治危机已深的时期,那些以"身体力行"的态度宣扬传统道德,而进行斗争来反对腐朽统治集团的反道德主义的人物,如汉末的"党人",及明末的"东林",也都有其进步的作用。假如认为,必须是反对封建道德的才算是进步的,那就是非历史主义的观点了。总而言之,封建社会的道德观念,在不同的情况中有其不同的实际意义。

六、结 论

根据以上的分析和讨论,我们可以得到几项结论:

(1)在中国历史上,在伦理思想范围内,有旨在巩固当时占统治地位的生产关系的学说,也有包含批评因素即要求统治阶级减轻剥削放松阶级压迫的学说。前者是保守的或反动的。后者符合当时社会发展的需要,因而是进步的。这是伦理思想的保守与进步的主要界限。

包含批评因素的伦理思想可能是完全反对当时占统治地位的道德的,也可能并不否认占统治地位的道德的基本观念与范畴,而加以新的解释,使之适合于人民的一些要求。假如认为只有完全反对占统治地位的道德的伦理学说才是进步的,那是非历史主义的态度。

(2)在中国伦理学说的长期演变过程中,有宗教道德的思想与非宗教的道德学说之间的斗争。宗教道德思想的实际作用是加强封建统治阶级的统治力量;非宗教的道德学说的实际意义是要求统治阶级减轻阶级压迫而对人民作一定的让步。前者是保守的或反动的;后者是进步的。宗教道德与反宗教的人本主义倾向之对立是伦理思想范围内保守思想与进步思想的斗争的一个重要表现。

所谓宗教道德思想即是从天意或神的意志中引出道德,或以祸福报应生死轮回的观念来加强统治阶级道德对于人民的权威。所谓人本主义思想即是反对宗教的神道观念,而肯定道德起源于人世间的关系。

(3)在伦理思想中保守与进步的对立,和在宇宙观中的唯心主义与唯物主义的对立,基本上是相应的。宇宙观方面的唯物主义者在伦理学说方面宣扬进步的观念;而多数的在宇宙观方面的唯心主义者在伦理学说方面宣扬了保守的观念。

伦理思想中的保守思想与进步思想的斗争,是阶级社会中阶级斗争的反映。保守思想是为统治阶级的利益作辩护的;而进步思想则多少反映了人民的反抗斗争。历史上进步的思想家不一定是劳动人民出身的,而且多数不是劳动人民出身的,他们由于种种不同的条件而走到同情人民的立场。他们也不一定完全赞助人民的反抗斗争,但是由于对于人民生活的艰苦有比较深刻的了解,因而要求减轻对于人民的压迫,客观上也就是要求放宽当时对生产力发展的余地。人民群众反抗强暴的斗争对于统治阶级中正直的思想家常有强烈的影响。伦理思想中一切进步的观点都可以说是人民群众的斗争在先进思想家的意识中的反映。

唯物主义哲学之所以是进步的阶级或阶层的利益之表现,正因唯物主义者的伦理观点是进步的。唯心主义哲学之所以是保守的反动的阶级或阶层的利益之表现,正因为唯心主义者的伦理观点是保守的或反动的(当然还有政治思想方面的问题,在一般条件之下,伦理学说和政治思想是一致的)。

孔子、荀子、王充、张载、王夫之、颜元、戴震,是中国历史上最主要的提出进步的伦理学说体系的伟大思想家。其中除了孔子还保留了一些唯心主义观点以外,都是在宇宙观中发挥唯物主义观点的哲学家。

但历史上的情况是复杂的。有些在宇宙观方面保留唯心主义观点的思想家,在伦理思想方面,也提出进步的学说,最显著的例子是墨子、孟子与李贽。墨子的伦理学说在形式上是宗教道德思想,但正如早期的基督教一样,是为当时的"贫贱"的人们服务的,它所以采取宗教形式也反映了当时手工业者的落后性。孟子也把道德与天道联系起来,但他所谓仁义也反映了平民的一些要求。李贽生存于唯心主义气氛浓厚的环境中,他却能从人民的观点对于传统道德进行激烈的批评。

先秦道家对于当时剥削阶级的道德提出了深刻的批判,但是止于消极的批评,没有能够提出建设性的伦理学说。范缜是反对宗教道德最激烈的人物之一,但他也没有详细的伦理学说。

大体说来,应该承认,唯物主义者的伦理学说一般是进步的,唯心主义者的伦理学说大部分是保守的。

(4)在封建社会所有的伦理思想中,处在最进步与最反动的两极端地位的,是人民的道德观念(在一方面)与腐朽的统治集团的反道德主义(在另方面)。在封建社会中,除了统治阶级的道德之外,还有人民的道德,其主要德目是义。宣传人民道德的思想一定是批判性的,是进步的。但是不能认为惟有这种思想才是进步的。统治阶级的伦理学说不一定是反动的,这要看当时生产关系发展的情况,而最反动的是腐朽的贵族豪门的反道德主义。在历史上那些维护封建道德而又以之反对豪强权贵的道德堕落的人物是起了一些进步作用的。

宣扬人民道德的学说是很少的,而豪强权贵的反道德主义一般是没有什么理论的。所以,这两个类型在伦理学说发展史上不占主要地位。

以上四点,可以说就是中国(从春秋战国到清代中期)伦理思想发展演变过程中的基本规律性。

历史上的实际情况是复杂的,但复杂的现象之间有内在的必然的联系。科学研究的工作就在于"透过一切表面的偶然性揭示这一过程的内在规律性"(《马克思恩格斯选集》第 3 卷,第 63 页。人民出版社,1972 年版)。现象之内在的规律性由现象之全部复杂的内容曲折地表现出来。

总而言之,中国历史上多数的唯物主义哲学家在伦理学说方面也提出了进步的思想。

1956 年 6 月 6 日初稿写完

1957 年 4 月 20 日改定

中国伦理思想研究

月十三日 二月二十四日 星期四 上午瘟疫神傲不能讀書 益困昨夜受寒故也

下午讀物之解析第二十三章

月十四日 二月二十五日 星期五 晨起念及將來中國情形之可慮的變化深覺頗難于自處為之憂慮久之最後決定無論主何情形皆為專理而憂則為理想而奮鬥生死窮達置之度外如注意于避文禍

目　录

序 ………………………………………………………… 63

第一章　总论 …………………………………………… 65

　一、哲学与伦理学 …………………………………… 65

　二、中国伦理思想变迁的基本形势 ………………… 67

　三、中国古代伦理思想的特点 ……………………… 69

　四、如何评价中国古代伦理学说 …………………… 72

第二章　中国伦理学说的基本问题 …………………… 74

　一、中国伦理学说所讨论的理论问题 ……………… 74

　二、关于伦理学的基本问题 ………………………… 78

　三、历史上不同学派的更替 ………………………… 80

　四、中国古代伦理学说的基本派别 ………………… 81

第三章　道德的层次序列 ……………………………… 86

　一、道德的知与行 …………………………………… 86

二、道德的纲领与条目 …………………… 88

三、道德与社会风尚 …………………… 96

四、道德的社会效应 …………………… 100

第四章 道德的阶级性与继承性 …………………… 105

一、中国古代思想家论道德的普遍性与相对性 ………… 105

二、道德的阶级性 …………………… 107

三、道德的普遍性形式与特殊性内容 …………… 116

四、道德的继承性——如何评价传统美德 ………… 118

第五章 如何分析人性学说 …………………… 123

一、所谓人性的意义 …………………… 123

二、对于人性概念的剖析 …………………… 132

三、人性善恶 …………………… 141

四、人性学说的评价 …………………… 152

第六章 仁爱学说评析 …………………… 154

一、孔子的"仁"与墨子的"兼爱" …………………… 155

二、道家对于儒、墨"仁爱"学说的批评 ………… 161

三、"博爱"与"民胞物与" …………………… 164

第七章 评"义利"之辨与"理欲"之辨 …………… 168

一、"义利"问题的演变 …………………… 168

二、个人利益与社会整体利益 …………………… 172

三、精神需要与物质需要 …………………… 174

四、"理"与"欲"的对立与统一 …………… 176

第八章 论所谓纲常 …………………… 183

一、先秦诸子的"君臣"观与"忠"的观念的演变 ………… 184

二、"三纲"批判 ………………………………………… 189

三、"五伦"与"五常" …………………………………… 192

四、礼、智、信的分析 …………………………………… 195

五、其他道德规范 ……………………………………… 207

第九章　意志自由问题 …………………………………… 210

一、古代关于意志的学说 ……………………………… 210

二、"力"与"命" ………………………………………… 215

三、"义"与"命" ………………………………………… 217

四、"志"与"功" ………………………………………… 219

第十章　天人关系论评析 ………………………………… 222

一、伦理学与本体论 …………………………………… 222

二、"天人合一"与"万物一体" ………………………… 223

三、"天人之分"与"天人交胜" ………………………… 234

四、天与人的区别与联系 ……………………………… 237

第十一章　道德修养与理想人格 ………………………… 242

一、修身、养心 ………………………………………… 242

二、"内外"、"知行" …………………………………… 246

三、"仁人"、"圣人"、"至人" ………………………… 249

四、如何评价古代修养论 ……………………………… 253

第十二章　整理伦理学说史料的方法 …………………… 256

一、史料的调查 ………………………………………… 256

二、史料的鉴别 ………………………………………… 258

三、史料的解释 ………………………………………… 260

四、史料的贯通 ………………………………………… 262

附录一　谈中国伦理学史的研究方法 ……………… 266

一、学术史研究的基本要求 ……………………… 266

二、谈谈中国伦理思想中的重要问题 ……………… 268

三、正确理解古代的学说 ………………………… 273

四、发扬实事求是的学风 ………………………… 278

附录二　引用书目 ………………………………… 280

序

　　1982 年 7 月，中国伦理学会在北京召开中国伦理学史座谈会，让我讲一讲中国伦理学史的研究方法，后来由徐少锦同志将讲话记录整理出来，刊登在《伦理学与精神文明》1983 年第一、二期上。当时语焉不详，讲得很不全面。后来上海人民出版社编辑张毅辉同志语我：很多同志希望看到你关于中国伦理思想研究方法的较详论述，希望写出一本书来。我接受了这个建议，经过反复思考，写成十二章，总题为《中国伦理思想研究》。几年前我曾写过一本《中国哲学史方法论发凡》（1983 年中华书局出版），那是泛论哲学史的研究方法，未讲关于伦理学说的特殊问题。这里只讲关于伦理思想若干问题的具体分析方法，关于哲学史的普遍适用的方法就略而不论了。

　　中国哲学中伦理思想比较丰富，所涉及的问题较多，而且学派繁盛，纷纭错综。对于两千年来伦理学说的发展演变进行系统的清理，不是一件轻而易举的事情。有些问题是比较复杂的，例如道德的阶级性与继承性的问题，人性学说的理论分析问题，仁爱思想的评价问题，义利之辨与理欲之辨的问题，对于所谓"纲常"的分析批判问题，等等，这中间包含一些深微渊奥的内容，不是浅尝所能理解的。对于传统思想，过高的推崇赞扬是不适当的，但不求甚解、随意否定的态度也是不足取的。重要的是进行历史的辩证的具体分析。本书主要是选出伦理学史上关于重要理论问题的一些有典型意义的思想观点加以分析评论，借以表示进行伦理思想研究的方法。因古代伦理思想比较艰晦难懂，所以主要谈论关于古代伦理思想的问题。

本书所讲都是个人的体会，既不够细密，更未必正确。许多问题，自己也还没有想透，亦未免率尔操觚，实际上不过借此厘清了自己的若干思想而已。不妥之处，在所难免，希望得到同志们的批评指正。上海人民出版社将此书列入出版计划，谨表示衷心的谢意。

张岱年于北京大学

1986 年 2 月 21 日

第一章 总 论

中国哲学是世界上三大哲学传统之一(其它两个是西方哲学与印度哲学),中国伦理思想是中国哲学的一个重要内容。在中国古代,伦理思想是和自然哲学与认识理论相互密切联系的,但也可以提出来进行专门的研究。中国伦理思想对于中国文化的形成和发展起过非常重要的作用,因而,研究中国伦理思想,对于正确认识中国传统的精神文明,对于建设具有中国特色的社会主义精神文明,具有重要意义。

一、哲学与伦理学

中国古无哲学之称。在先秦时代,一切思想学术统称为"学"。到宋代,有"义理之学"的名称。义理之学包括关于"道体"("天道")、"人道"(人伦道德)以及"为学之方"(治学方法)的学说。其中关于人道的学说可专称为伦理学。伦理学即研究"人伦"之理的学问,亦即研究人与人的关系的学说。"人伦"一词,见于《孟子》。孟子叙述帝舜的事迹说:"使契为司徒,教以人伦:父子有亲,君臣有义,夫妇有别,长幼有序,朋友有信。"(《孟子·滕文公上》)在帝舜的时代,是否已提出"人伦"观念,今天已难以考定。"伦理"一词,见于《礼记·乐记》。《乐记》云:"乐者通伦理者也。"郑玄注:"伦,类也。理,分也。"这里所谓伦理泛指伦类条理,尚非今日所谓伦理。

伦理学又称人生哲学,即关于人生意义、人生理想、人类生活的基本准则的学说。伦理学亦可称为道德学,即研究道德原则、道德规范的学说。"道"与"德"本系两个概念。孔子说:"志于道,据于德,依于仁,游于艺。"(《论语·述而》)道是行为应当遵循的原则,德是实行原则而有所得,亦即道的实际体现。后来,道与德经常并举,于是逐渐联结为一词。《孟子》、《庄子·内篇》中尚无道德相连并提之例。在儒家著作中,道德二字相连并提,始见于《周易·说卦传》及《荀子》。《周易·说卦传》云:"和顺于道德而理于义,穷理尽性以至于命。"《荀子》的《劝学》篇云:"故学至乎礼而止矣,夫是之谓道德之极。"又《强国》篇云:"威有三,有道德之威者,有暴察之威者,有狂妄之威者。"《说卦》和《荀子》所谓道德都是把两个名词联结为一个名词,亦即把两个概念结合为一个概念。

道家所谓道德,含义与儒家所讲的不同。《老子》以"道"为天地的本原,为万物存在的最高根据,以"德"为天地万物所具有的本性。《庄子·内篇》亦基本如此。《庄子·外篇》则将道德联为一词。如《骈拇》篇云:"多方乎仁义而用之者,列于五藏哉!而非道德之正也。"《马蹄》篇云:"道德不废,安取仁义?"所谓道德的含义虽与儒家不同,但也是把两个概念结合为一个概念。

在中国伦理学史上,道德可以说既是一个概念,又是两个概念。分析地看,道与德是两个概念,道指行为应该遵循的原则,德指行为原则的实际体现。作为一个完整的名词来看,道德是行为原则及其具体运用的总称。

道德不仅仅是思想观念,而必须见之于实际行动。如果只有言论,徒事空谈,言行不相符合,就不是真道德。古往今来,不但有伦理思想,而且有伦理实际。伦理实际即个人的品德风范和社会的道德风尚。研究伦理思想,要将思想和当时的伦理实际结合起来加以全面的考察。

中国古代哲学中,伦理学说是和本体学说以及关于认识方法的学说密切联系、互相贯通的;但是彼此之间也确有一定的区分。中国伦理思想史的研究就是将历代思想家的伦理学说划分出来进行专门的研究。在研究的过程中,也要注意历代思想家的伦理学说与其本体论思想和认识论思想的联系。

二、中国伦理思想变迁的基本形势

"德"的观念起源于殷周时代,而第一个提出比较系统的道德学说的是春秋时期的孔子。到战国时期,诸子并起,百家争鸣,其中影响最大的是儒、墨、道、法四家。

春秋战国时期是社会大变动的时代,关于这次社会大变动的性质,史学家有不同的意见。比较重要的是两种见解:一种见解认为这次大变动是从封建领主制到封建地主制的变动;一种见解认为是从奴隶制到封建地主制的变动。这两种见解也有共同之点,即都承认当时代替旧制度的新制度是地主所有制。儒家虽然推崇周制,实际上主要反映了当时地主阶级的要求。墨家是小生产者阶层的理论代表。道家提出对于等级制的批评,向往原始社会,反映了一部分个体农民的愿望(关于道家的阶级性,近年许多哲学史论著认为道家是代表奴隶主贵族的,证据不足,不可信从。余别有论证)。法家鼓吹君主专制,为秦国统一六国提供理论武器,但过分忽视人民的愿望,也导致了秦朝的迅速灭亡。

秦汉以至明清,可称为封建时代。这所谓"封建"其实是一个翻译名称,指地主所有制。封建时代占统治地位的道德主要是儒家所提倡的。孔子的伦理学说以"仁"为核心,孟子提出"仁义礼智"四项道德原则,奠定了封建时代占统治地位的道德的理论基础。到汉代,董仲舒宣扬"三纲五常",三纲是"君为臣纲、父为子纲、夫为妻纲",五常是仁义礼智信。"三纲五常",在东汉初年的白虎观会议中正式确定下来。董仲舒以为三纲五常原于"天意",是上帝的意旨。董仲舒的学说,虽然渊源于先秦儒家,而实际上与先秦儒家的伦理学说已有很大的区别。东汉王充批判了天意论,而仍然肯定五常之说。魏晋时代,玄学兴起,推崇道家老庄的思想。佛教输入,实行"出家",既不拜父母,又不敬王者,于是引起儒、佛的对立与抗争。到宋代,理学兴起,批判佛老,在理论上为君臣父子的伦理提供了本体论的基础。程颐、朱熹一派宣称君臣父子之理即是天地万物的本原。陆九渊、王守仁一派则断言此理即在内心之中。董仲舒的学说可以说是将三纲五常天意化;程、朱的学说可以说是将三纲五常本体化;陆、王的学说可以说是将三纲五常内心化。到了明清之际,一些进步思想家见到宋明理学的空疏,转而重视现实,黄宗羲、王夫之、颜元从不同方面对于理学提出了一定的批评,但仍然以仁义礼智为最高的道德原则。直至近代,又到达一个社会大变动时期,受西方的影响,逐渐出现资产阶级伦理思想。新中国成立,共产主义道德理论取得了领导的地位。

在长期的封建时代,儒家始终居于统治地位。儒家一方面肯定等级制度,一方面要求适当照顾人民的愿望,企图缓和阶级矛盾,对于维持一定时期的社会秩序起了一定的积极作用,但是不足以促进社会的变革。

墨家富于积极进取的精神,重视人民的利益,提倡自我牺牲,对于先秦文化学术的发展作出了重要贡献。但是由于多方面的原因,墨学灭绝了,这给中国文化的发展带来不利的影响。

道家在先秦时代有广泛的影响,汉代以后亦流传不绝。道家重视个人自由,对等级制度持批评态度,对于减削思想僵化、鼓励创造性的思维,起了一定的作用。但是道家宣扬虚静,对于文化发展也有严重的消极影响。

俱往矣,儒、道、墨、法都已过去了。由于历史的原因,中国没有成熟的资产阶级思想体系。现在已到达社会主义时代,我们可以预期,社会主义的新中国,将出现学术思想蓬勃发展的空前盛况。

三、中国古代伦理思想的特点

自战国时期以至明清,中国古代的伦理思想是封建时代的伦理思想。研究中国古代伦理思想,首先要了解中国古代伦理思想的一些基本观点与基本倾向。这些基本观点与基本倾向也就是中国古代伦理思想的特点。

中国古代伦理思想有一个显著的倾向,即肯定人在天地之间的重要地位。儒家的《易传》以天地人为"三才",道家的《老子》以道、天、地、人为"四大"。《孝经》述孔子之言云:"天地之性人为贵。"《礼记·礼运》云:"人者,天地之心也,五行之端也,食味别声被色而生者也。"董仲舒说:"天地人,万物之本也。天生之,地养之,人成之。天生之以孝悌,地养之以衣食,人成之以礼乐。"(《春秋繁露·立元神》)《礼运》以人为天地之心,张载则提出"为天地立心"之说,认为天地本来无心,人对于天地的认识就是天地的自我认识,天地在人身上达到了自我认识。这些说法虽然不同,都肯定了人在宇宙之间的重要意义,可以谓之人类中心论。

其次,中国古代哲学家大多数承认人与自然的统一关系,既肯定人与天地的区别,又强调人与天地的不可分割的密切联系。原始人的意识不发达,没有把自己与外在世界区分开来。文明开始,才把人和自然界区分开来。在中国历史上,早已经过这个阶段。远古传说颛顼时代"绝地天通",可以说即具有区分天人的意义。《国语·楚语》记观射父之言说:"九黎乱德,民神杂糅,不可方物,夫人作享,家为巫史。……颛顼受之,乃命南正重司天以属神,命火正黎司地以属民,使复旧常,无相侵渎,是谓绝地天通。"所谓"绝地天通"是远古时代的一次宗教变革,实质上是割断民与神的直接联系,其中含有将天人区别开来的意义。春秋时代,郑子产区别了天道与人道。《春秋左传》昭公十八年记载子产之言云,"天道远,人道迩",把天与人区分开来。到战国时代,一些思想家又重新肯定天与人的联系。《中庸》云："思知人，不可以不知天。"《庄子》云："知天之所为、知人之所为者，至矣。……虽然，有患……庸讵知吾所谓天之非人乎，所谓人之非天乎？"（《庄子·大宗师》）这都既肯定了天与人的区别，又肯定了天与人的联系。董仲舒宣称"以类合之，天人一也"（《春秋繁露·阴阳义》）。张载明确提出"一天人"与"天人一物"（《正蒙·乾称》），宣称"天地之塞吾其体，天地之帅吾其性"（同上），强调人与自然的统一。程颢说："人与天地一物也，而人特自小之，何耶？"（《河南程氏遗书》卷十一）这就是说，不认识人与天地的统一就是自小，承认人与天地的统一才是真正的自觉。应该承认，原始人不分人与自然，是原始思想，文化人区分了人与自然，是初步的自觉。哲学家重新肯定了人与自然的统一，是进一步的自觉。如果把哲学家的观点混同为原始人的思维方式，那就大错特错了。这是研究中国古代思想必须注意的。

道德问题不仅是认识问题，而更是行动的问题，因而古代思想家重视关于伦理问题的言行相符。在伦理学说的范围内，提出任何主张，必须有一定的行动与之相应，否则就是欺人之谈，毫无价值。孔子说："君子耻其言而过其行。"（《论语·宪问》）又说："君子欲讷于言而敏于行。"（《论语·里仁》）又说："古者言之不出，耻躬之不逮也。"（同上）都是讲言行必须一致。进行道德修养，必须表现于生活之中。孟子说："君子所性，仁义礼智根于心。其生色也，睟然见于面，盎于背，施于四体。四体不言而喻。"（《孟子·尽心上》）。荀子云："君子之学也，入乎耳，著乎心，布乎四体，形乎动静。"（《荀子·劝学》）。这都是讲关于伦理道德的思想必须见之于生活行动,在身体上表现出来。在古代,遵循道德原则而行动,谓之"身体力行",谓之"躬行实践"。"身体力行"意谓在身上体现道德原则。"躬行实践"意谓将道德原则在生活中实现出来。"实践"一词在明代理论著作中已经屡见,意谓实际行动。但那时候所谓实践主要是指个人行动而言,还没有今日所谓社会实践的意义。

墨家、道家立论与儒家不同,但也都重视言行一致、思想与生活一致。墨家"以绳墨自矫,而备世之急",表现可歌可泣的精神。道家要求"遗世独立",力求过"逍遥世外"的生活。宋明的著名理学家大都能刻苦力行。当然也有些"伪道学",那不能算作真正的思想家。

四、如何评价中国古代伦理学说

西方奴隶制时代思想学术高度繁荣,到封建时代,哲学成为神学的奴婢。西方近代资本主义时期,思想空前活跃,达到前所未有的水平。中国古代学术发展,与西方颇不相同,主要是在封建制时代。先秦学术昌盛,当时是从奴隶制向封建制转变、封建制初步确立的时期。从秦汉至明清的漫长的封建制时代,虽然没有再出现百家争鸣的盛况,而自汉至宋,学派众多,理论思维亦具有丰富的内容。对于封建时代的各派的伦理学说,应如何评价呢?

我们认为,评价学术思想的标准主要有两条:第一,是否符合客观实际;第二,是否符合社会发展的需要。关于伦理道德的命题,必须符合社会生活的实际、符合社会发展的需要,否则就是没有价值的。所谓符合社会发展的需要,又有两层含义:在社会的和平发展时期应有维持社会生活正常进行的作用；在社会变动的时期应有革旧立新的作用。依据这两个标准来评价中国古代伦理学说，需要对各学派的思想进行全面的考察、进行一分为二的剖析。各学派的思想学说大多包含许多方面，在某一方面有消极影响，可能在另一方面起一定的积极作用，反之亦然。

例如儒家的思想是为封建等级制度辩护的，有维护等级特权的不良影响；但是儒家宣扬精神价值，尊重人的独立人格，对于封建时代的精神文明的发展起了重要的积极作用。道家鼓吹"绝圣弃智"、"绝巧弃利"，贬抑文化的价值；但是道家思想中含有对于等级特权的抗议，具有批评不良制度的倾向，对于反专制思想有启迪的作用。佛教否认现实世界，把人们引向虚幻境地，确实是提供了一副精神麻醉剂；但是佛教又强调"精进"、"无畏"，对于阐发人的主观能动性有一定的贡献。宋代理学为当时社会的等级秩序提供理论根据，是和当时现存的生产关系相适应的。当时还没有出现新的生产关系的萌芽，所以如果认为宋代理学在当时就是反动思想，那是不符合实际情况的。到明代后期，资本主义生产关系开始出现，社会中酝酿着变革的契机，于是理学就逐渐变成反动的了。对于此类情况都要进行具体的分析。

中华民族屹立于世界东方五千多年，必有其延续发展的精神动力，这就是中国古代哲学中所包含的优秀传统。近代以来，中国落后了，与西方相比，相形见绌，在19世纪末20世纪初，出现非常严重的民族危机，这就证明，中国古代思想必然含有严重的缺欠。发现过去传统中积极的成分，揭露过去传统中消极的偏失，这是中国伦理学的一项重大任务。

第二章　中国伦理学说的基本问题

　　哲学讨论许多哲学问题,伦理学讨论许多关于伦理道德的问题。中国伦理学说讨论了哪些问题呢? 这是首先要考察的。

一、中国伦理学说所讨论的理论问题

　　中国古代的伦理学说,从周秦以至明清,经历了二千多年,内容比较丰富而复杂,所讨论的问题很多,可以约略汇总为八个问题,即:(1)人性问题,即道德起源的问题;(2)道德的最高原则与道德规范的问题;(3)礼义与衣食的关系问题,即道德与社会经济的关系问题;(4)"义利"、"理欲"问题,即公利与私利的关系以及道德理想与物质利益的关系问题;(5)"力命"、"义命"问题,即客观必然性与主观意志自由的问题;(6)"志功"问题,即动机与效果的问题;(7)道德在天地之间的意义,即伦理学与本体论的关系问题;(8)修养方法问题,即道德修养及其最高境界的问题。略说如下:

（1）道德起源问题即是道德意识与道德情感之来源的问题，在中国古代，以人性论为表现形式。除董仲舒宣扬道德来自"天意"，因而有宗教道德的倾向之外，多数思想家都认为道德源于人的生活。无论是认为道德来自天意，或认为源于人的生活，都着重研讨了道德与人性的关系。性善论宣扬人有善性，道德源于本性；性有善有恶论，认为善出于本性，恶亦出于本性；性恶论认为善非本性而道德来自思虑、积习；性无善无不善论则认为善恶皆非本性而都是本性的改变。中国伦理学说中的人性论思想错综复杂，至今日仍有一定的参考价值。

（2）关于道德的最高原则与道德规范问题。《吕氏春秋·不二》篇说："孔子贵仁，墨子贵兼。"仁与兼是孔、墨所提出的最高道德原则。孟子又提出"仁义礼智"及"孝悌忠信"等道德原则和道德规范的序列。《管子》提出"礼义廉耻"作为主要道德规范。董仲舒以"仁义礼智信"为五常。孟子"四德"与董仲舒"五常"在中国长期的封建社会中有深远的影响。道家对于儒家的仁义采取批判的态度，但提不出另外的道德规范来。这些学说都可谓关于道德原则与道德规范的研讨，在中国伦理学史上占有重要地位。

（3）礼义与衣食的关系问题。《管子》书的《牧民》篇提出"仓廪实则知礼节，衣食足则知荣辱"的著名命题。这就是肯定物质生活是精神生活的基础。孟子也说："明君制民之产，必使仰足以事父母，俯足以畜妻子，乐岁终身饱，凶年免于死亡，然后驱而之善，故民之从之也轻。今也制民之产，仰不足以事父母，俯不足以畜妻子，乐岁终身苦，凶年不免于死亡。此惟救死而恐不赡,奚暇治礼义哉?"(《孟子·梁惠王上》)这也是承认物质生活是礼义道德的前提。后来韩非、王充都谈到这个问题。这是一个与历史观有密切联系的重要问题。

(4)"义利"、"理欲"问题。物质生活是精神生活的基础,但是,物质生活提高了,精神生活并不一定随之而提高。孟子说:"人之有道也,饱食暖衣,逸居而无教,则近于禽兽。"(《孟子·滕文公上》)如果仅仅要求物质需要的满足,便与禽兽相去不远了,于是提出了道德价值的问题。这就是义利之辨和理欲之辨的问题。儒家重义轻利,其所谓利,主要是指私利而言。墨家宣称义就是利,其所谓利指国家人民之大利。宋明理学家除了区分"义利"之外,更强调辨别"理欲",其所谓欲,主要指个人的私欲,他们反对追求物质享受,并非完全否定欲望;但过分轻视了提高人民的物质生活的问题。另一些思想家则强调功利,肯定了满足物质生活需要的必要性。

(5)"力命"、"义命"问题。儒家宣扬"知命",又强调"见义勇为",兼重义与命。《庄子·人间世》亦云:"天下有大戒二,其一命也,其一义也。"这是庄子转述儒家的思想。所谓命指客观必然性;所谓义指道德的自觉能动性。儒家以为,人们在生活上虽然是受命运的限制,而在道德上却有提高品德的自由,不受命运的限制。墨家宣扬"非命",以力与命对立起来。所谓力指人的主观能动作用。"力命"或"义命"问题,即自觉能动性与客观必然性的关系问题,这是近代所谓"自由与必然"问题的中国表述方式。

(6)关于"志功"问题。墨子和孟子都谈论"志功",志即行为的动机,功即行为的效果。志功问题即判断行为的是非善恶的标准问题。墨子提出"合其志功而观之",是重视动机效果的统一。从此以后,对此问题争议不多。后儒有关于"心迹"的讨论,也是对于动机效果问题的议论。近代以来,受西方的影响,这个问题又重新突出起来。

(7)道德在天地之间的意义问题。中国古代哲学,特别是宋明理学,还讨论了一个独特的问题,即人类道德在天地之间的意义,亦即人类道德的宇宙意义的问题,实际上是伦理学与本体论的关系问题。从周敦颐、张载,直至王夫之、戴震,都对于这个问题有所论列。这是非常抽象的问题,又是一个玄想问题,但是也具有其一定的理论意义。

(8)修养方法问题。中国古代思想家都重视道德修养。修养一词源于孟子。孟子说:"存其心,养其性,所以事天也。夭寿不贰,修身以俟之,所以立命也。"(《孟子·尽心上》)孟子讲性善,故云养性。荀子反对性善论,不讲养性而主张养心。他重视"治气养心之术"(《荀子·修身》)。《中庸》提出"慎独",《大学》提出"正心"、"诚意",都属于道德修养的方法。道家庄子则宣扬所谓"心斋"、"坐忘"等等。宋明理学特重修养方法,亦称之为"涵养",涵养即心中涵泳义理以培养自己的品德。宋明哲学中唯心主义哲学家与唯物主义哲学家都重视道德修养,力求达到高尚的道德境界。如何进行修养,培养崇高的品德,是中国伦理学说的一个重要问题。

近代以来,伦理学说所讨论的重点问题有所改变。20年代以来,受西方思潮的影响,动机与效果的问题、意志自由以及自由与必然的问题,被突出起来。受唯物史观的影响,道德与利益、道德与社会经济的关系的问题更引起广泛的讨论。近代伦理思想与古代伦理思想有显著的差异,但也有一定的连续性。

二、关于伦理学的基本问题

伦理学的理论问题很多,是否可以从中确定出一个或两个基本问题呢?

恩格斯根据德国古典哲学、特别是黑格尔和费尔巴哈的观点,肯定哲学的基本问题为思维与存在、精神与物质的关系问题。哲学的基本问题亦称为哲学的最高问题。伦理学是否有基本问题或最高问题呢?

伦理学的基本问题是否同于哲学的基本问题? 能不能把伦理学的基本问题归结为思维与存在或精神与物质的关系问题呢? 伦理学的基本问题为何? 我认为,伦理学的基本问题不能简单归结为哲学的基本问题。

首先应该指出,伦理学说,自古以来,所讨论的问题虽然很多,实则可析别为两大类问题:其一为关于道德现象的问题;其二为关于道德理想和道德价值的问题。这两类问题的性质不同。道德现象的问题是把道德看作社会历史现象,从而考察探索道德演变的客观规律。道德与社会经济的关系问题即属于此类问题。道德理想和道德价值的问题是规定行动的指针、生活的目标,设定人生的理想、当然的准则。道德现象的问题是探索事实怎么样;道德理想和价值的问题是探索应当怎么样。这两类问题的性质不同,但在伦理学史上又是密切联系不易离析的。虽然两类问题密切联系不可离析,但是仍属两类不同的问题。

我初步认为,关于道德现象的问题,其主要问题是:道德演变的基本规律是什么? 关于道德理想和道德价值的问题,其主要问题是:道德的最高原则是什么? 这两类问题也有一定的联系。为什么人们要考察历史上道德演变的客观规律呢? 其目的还在于确定道德的最高原则。从这个意义上说,我认为,应该承认,伦理学的最高问题乃是道德最高原则的问题。

道德的最高原则以时代而不同,依阶级立场而转移。儒家以仁或仁义为最高原则,墨家以兼爱为最高原则,道家以全生保身为最高原则。这些反映了春秋战国时代不同阶级的不同立场。

儒家宣扬"仁者爱人",但认为"劳心者治人,劳力者治于人"是"天下之通义"。墨家宣扬兼爱,也没有取消贵贱的区分。近代资产阶级宣扬"自由、平等、博爱",但仍保持人对人的严重剥削。列宁说:"通常所说的阶级究竟是什么呢? 这就是说,允许社会上一部分人占有另一部分人的劳动。"(《青年团的任务》,《列宁选集》第 4 卷,第 352 页。人民出版社,1972 年版)而共产主义的道德的最高原则就是废除阶级,消灭剥削。列宁说:

> 共产主义的道德就是为了把劳动者团结起来反对一切剥削和一切小私有制服务的道德……道德是为人类社会升到更高的水平,为人类社会摆脱劳动剥削制服务的。……为巩固和完成共产主义事业而斗争,这就是共产主义道德的基础。(《青年团的任务》,《列宁选集》第 4 卷,第 353—355 页。人民出版社,1972 年版)

共产主义的道德才是人类最崇高的道德。

虽然古代思想家的观点都有其时代的阶级的局限性,但是作为历史发展的必经阶段,仍有其一定的历史意义。

三、历史上不同学派的更替

春秋战国时期,诸子并起,百家争鸣,最重要的是儒、墨、道、法四家。儒墨并称"显学",道家是隐士之学,法家是政治家的学说。秦国采用法家的政策,兼并六国,统一华夏。秦朝二世即亡,证明法家学说不足以维持长治久安。汉初"与民休息",推崇道家学说。汉武帝采纳了董仲舒的建议,罢黜百家,独尊儒术,尊奉儒家传习的几部古书为经典,开始了"经学"的时代。汉代墨家消亡,但道家思想仍绵延不绝。到魏晋时代,玄学兴起,道家学说又盛行起来。但玄学家中意见亦不一致。有人鼓吹"越名教而任自然",把儒家的名教与道家的自然观点对立起来。有人则认为名教与自然基本上是一致的。

汉末以来,佛教输入,道教创始。佛教企求"解脱",道家企求长生。到隋唐时代,佛、道与儒家并称三教。三教鼎立,相互争辩,亦相互影响。所谓"三教"之"教"是广泛的意义,不同于近代西方所谓宗教之"教"。宗教以信仰为主,佛教道教都是宗教。儒学仍以理论思维为主,不能因儒学被称为儒教就认为儒学也是宗教。

到北宋时期,理学兴起。理学在基本观点上是向先秦儒家学说的复归。理学家汲取了佛道两家的一些思想资料,参照了佛道两家所提出的问题,但他们对佛道两家的态度主要是批判而不是赞扬。理学家重新恢复儒学的权威。理学内部又可分为三派:一派以气为天地万物的本原,一派以理为天地万物的本原,一派以心为天地万物的本原。但是在伦理学说方面,这三派是基本一致的。在宋代,还有不属于理学的功利学派,他们的伦理思想与理学家有所不同。

到明清之际,出现了又一次的哲学高潮。明清之际,涌现许多具有初步启蒙思想的学者,对于宋明理学进行了批判性的总结,达到了理论思维的更高水平。但是,这一时期的西方哲学已经开始了新的阶段,资产阶级哲学思想已经取代了封建主义哲学。与西方相比,中国已经落后了。

到 19 世纪后期,中国开始出现资产阶级伦理思想。20 世纪20 年代,马克思主义传入中国,共产主义道德学说在中国开始萌芽,逐步成为当代中国伦理思想的主流。

四、中国古代伦理学说的基本派别

恩格斯指出:哲学的基本问题是思维和存在的关系问题。"哲学家依照他们如何回答这个问题而分成了两大阵营。凡是断定精神对自然界说来是本原的……组成唯心主义阵营。凡是认为自然界是本原的,则属于唯物主义的各种学派。"(《路德维希·费尔巴哈和德国古典哲学的终结》,《马克思恩格斯选集》第 4 卷,第220 页。人民出版社,1972 年版)这基本上是从自然观上来讲的。列宁指出哲学上两条基本路线的区别:"从物到感觉和思想呢,还是从思想和感觉到物?"(《唯物主义和经验批判主义》,《列宁选集》第 2卷,第 36 页。人民出版社,1972 年版)前者是唯物主义的路线,后者是唯心主义的路线。这主要是从认识论来讲的。

古往今来,自然观和认识论的思想学说都可以区分为唯物主义与唯心主义两大派别。虽然现代西方学者认为这种区分已经过时了,但我们认为这一区分还是有事实根据的。

伦理学说是否也可以区分为唯物主义与唯心主义两大派别呢? 恩格斯曾评论费尔巴哈说:

> 我们一接触到费尔巴哈的宗教哲学和伦理学,他的真正的唯心主义就显露出来了。费尔巴哈决不希望废除宗教,他是希望使宗教完善化。……
>
> 在这里,费尔巴哈的唯心主义就在于:他不是直截了当地按照本来面貌看待人们彼此间以相互倾慕为基础的关系,即性爱、友谊、同情、舍己精神等等,而是把这些关系和某种特殊的、在他看来也属于过去的宗教联系起来,断定这些关系只有在人们用宗教一词使之高度神圣化以后才会获得自己的完整的意义。(《路德维希·费尔巴哈和德国古典哲学的终结》,《马克思恩格斯选集》第4卷,第229—230页。人民出版社,1972年版)

恩格斯在这里,是把费尔巴哈的宗教哲学与伦理学联系起来加以评论的。费尔巴哈的宗教哲学是唯心主义的,这比较明显。恩格斯引费尔巴哈的话,"心是宗教的本质",其为唯心主义是显然可见的。何以费尔巴哈的伦理学也是唯心主义的? 如恩格斯所说,这主要是因为费尔巴哈不是按照本来面貌看待人们彼此间的关系,而是把这些关系和宗教联系起来。这也是和他的宗教哲学的唯心主义密切相关的。如果伦理学说的基本派别也是唯物主义与唯心主义,两者区分的关键何在呢?如果19世纪唯物主义的主要代表费尔巴哈的伦理学是唯心主义的,那么历史上哪一家的伦理学说可称为唯物主义的呢?

如上节所说,伦理学的问题包括两个方面,一个方面的问题是关于道德演变的客观规律的问题,另一方面是关于道德的最高原则的问题。关于道德演变的客观规律的问题,各派的学说中,确有唯物主义倾向的观点。如《管子》所说"仓廪实则知礼节,衣食足则知荣辱",肯定物质生活是精神生活的基础。如果不承认物质生活是精神生活的基础,那无疑是唯心主义观点。这里实际上是唯物史观与唯心史观的对立。唯物史观是马克思首创的,但是也不能说古代毫无唯物史观的朴素萌芽。但是,仍然不能简单地说《管子》书中的伦理学说的全部内容都是唯物主义的。

关于道德的最高原则的问题情况就很不相同了。关于自然观和认识论的唯物主义和唯心主义的界限在于对于思维与存在孰先孰后、孰为本原问题的论断。但是道德最高原则的问题所讨论的不是精神与物质孰为本原的问题,而是人类精神生活与物质生活何者价值较高的问题。人类精神生活与物质生活何者价值较高的问题和思维与存在孰为本原的问题不是同一类的问题。

人类行为的最高原则也就是最高理想。有从实际出发的理想,也有不从实际出发的理想,这与唯物观点与唯心观点的区别有一定联系。但是,同是从实际出发,不同的阶级或集团可以提出截然不同甚至相反的理想。这就不仅仅是从实际出发与否的问题了,而是从什么样的实际出发的问题,也就是站在什么立场来观察实际的问题。

关于精神生活与物质生活的关系,应该承认,精神生活以物质生活为基础,这是唯物主义的观点,否则就是唯心主义的观点。但是,也应承认,精神生活具有高于物质生活的价值。物质生活即满足物质需要的生活。精神生活即追求真、善、美的生活。历史上很多唯物主义哲学家是充满了追求真、善、美的热忱的。恩格斯说过:"如果说,有谁为了'对真理和正义的热诚'(就这句话的正面的意思说)而献出了整个生命,那末,例如狄德罗就是这样的人。"(《马克思恩格斯选集》第4卷,第228页。人民出版社,1972年版)在中国历史上这样的唯物主义哲学家更非罕见,而王夫之就是一个最突出的例证。谁能说肯定真善美的精神价值的就是唯心主义者呢?

恩格斯曾经提到庸人的那种由于教士的多年诽谤而对"唯物主义"这个名称产生的偏见时说:"庸人把唯物主义理解为贪吃、酗酒、娱目、肉欲、虚荣、爱财、吝啬、贪婪、牟利、投机,简言之,即他本人暗中迷恋着的一切龌龊行为;而把唯心主义理解为对美德、普遍的人类爱的信仰。"(《路德维希·费尔巴哈和德国古典哲学的终结》,《马克思恩格斯选集》第4卷,第228页。人民出版社,1972年版)这种偏见是荒谬的,是对哲学上唯物主义与唯心主义的曲解。但是,时至今日,这种偏见也尚未绝迹。那些专门追求物质享受的人,当然不能说是哲学唯物主义者,但是恐怕也不能说是哲学唯心主义者。这里根本不是唯物主义与唯心主义对立的问题。

总之,在伦理学领域内,仅仅肯定物质生活是精神生活的基础,是远远不够的;还应肯定精神生活具有高于物质生活的价值。

因此,我们认为,伦理学的基本派别不能简单地归结为唯物主义与唯心主义的对立。尤其中国古代伦理学说更非如此。

中国伦理学说的基本派别是怎样的呢? 我们初步认为,中国古代伦理学说可以分为道义论与功利论两大派别。道义论肯定道德价值高于实际利益,功利论强调道德价值不能脱离实际利益。道义论以孔子、孟子、董仲舒、宋明理学为代表;功利论以墨子、李觏和陈亮、叶适为代表,两者都有所偏向。关于这两大派别的基本观点和实际意义,当于以下各章加以分析。

第三章　道德的层次序列

　　人类社会的道德现象包含一定的层次，道德的原则和规范构成一定的序列。历史上各时代的道德都有其层次和序列。对于道德的层次序列，要有比较明确的认识。

一、道德的知与行

　　道德具有复杂的内容，包含不同的方面、不同的层次。首先，道德具有"知"（认识）与"行"（实践）两个方面。道德不仅是言谈议论的事情，必须体现于生活、行动之中，然后才可称为道德。关于道德的"知"，又含有许多层次。就一般人而言，在日常生活中，都具备一定的道德意识，道德意识之中包含道德观念、道德意志、道德感情。而思想家、理论家，不仅具有道德意识，而且提出道德理想、道德原则、道德规范。不同时代不同派别的思想家，各自提出一定的道德理想、道德原则、道德规范。各家所提出的道德规范常常是多个而非仅一个，多个规范之间又有其一定的次第。道德的"行"，都是调整人我之间、群己之间、个人与社会之间的关系的活动，可谓之道德实践。凡实践都是变革现实的过程。道德实践即是改变人与人之间的现实关系的过程。道德的实践与道德的认识是密切联系，不可判离的。人们从事道德实践，提高道德认识的过程，谓之道德修养。在从事修养的过程中，可达到一定的境界。所谓境界是一个比喻之词。譬如登山，自下而上，经历不同的阶段，看到不同的风光，其所达到的阶段，谓之境界。以上这些名词，大多是近代常用的名词，其中有些名词具有一定的历史渊源。

道德二字，在春秋战国时代，本属两个概念。道指原则，德指按照原则而实行，在生活行动上体现原则。孔子所谓"志于道，据于德，依于仁，游于艺"(《论语·述而》)，即以道、德为两个概念。道、德、仁、艺是四个层次。道是最高原则，德是原则的实际体现，仁是最高的德，艺指礼乐，是仁的具体表现形式。《中庸》云："苟不至德，至道不凝焉。"惟有至德，才能把至道表现出来。道是抽象的，德则是比较具体的。到战国后期，道德二字联用起来，本来是二词联用，后来逐渐形成一个固定的名词。荀子以礼为"道德之极"(《荀子·劝学》)，将二词联用，合为一词。

自孔子至荀子，这是儒家的传统。道家所谓道德与儒家所谓道德意义又不相同，而在道家著作中，道德二字也本是两个词，后来逐渐联用而成为一个词。《老子》说："道生之，德畜之……万物莫不尊道而贵德。"(《老子》五十一章)道与德属于不同层次。《庄子》的内篇中尚无道德联用之例。外篇中就将道德二词联用了。如《骈拇》篇云："多方乎仁义而用之者，列于五藏哉！而非道德之正也。"《天道》篇云："寂漠无为者,天地之平而道德之至。"天地本系二名,联为一词。道德亦本系二名,亦联为一词。《天下》篇云："以天为宗,以德为本,以道为门,兆于变化,谓之圣人。"以德与道分说。又云："天下大乱,贤圣不明,道德不一。"又将道德联结起来。道家所谓道指天地万物的最高本原,所谓德是天地万物各自的本性。这与儒家有重要区别。到战国后期,不论儒家道家,都将道德二字联用,到汉代以后,道德成为一个流行的名词了。

在中国古代,道德虽已成为一个名词,但仍包含两层意义,一层意义是行为的准则,一层意义是这准则在实际行为上的体现。一个有道德的人,必须理解行为所应遵循的准则,这是"知"的方面;更必须在生活上遵循这准则而行动,这是"行"的方面:必须具备两个方面,才可称为有道德的人。伦理学说不同于自然哲学,是与生活行为密切结合的。

二、道德的纲领与条目

春秋战国时期,儒家、墨家各自提出自己的道德学说,提出自己的道德原则与道德规范。道家则反对儒、墨,要求回复原始社会的纯朴道德。齐国的法家(以《管子》书为代表)兼重法治与德教,三晋的法家(商鞅、韩非)则强调法治,猛烈抨击儒墨的道德。到汉代,"罢黜百家、独尊儒术",于是儒家的道德学说占有统治的地位。

孔子一生,积极从事道德训教,自己的修养亦达到了极高的境界。孔子以"仁"为最高的道德,以孝悌为仁的基础,常常以智、仁、勇三者并举。又以"圣"为人生的最高人格。孔子经常宣扬忠、信、恕、义、恭、宽、敏、惠等等,但没有说明这些道德彼此之间的关系。兹将孔子的最重要的道德训教摘举如下,然后分别其间的层次:

> 主忠信。(《论语·学而》。以下仅举篇名。)
>
> 弟子入则孝,出则弟,谨而信,泛爱众,而亲仁。行有余力,则以学文。(《学而》)
>
> 人而无信,不知其可也。(《为政》)
>
> 君使臣以礼,臣事君以忠。(《八佾》)
>
> 中庸之为德也,其至矣乎! 民鲜久矣。(《雍也》)
>
> 子贡曰:"如有博施于民,而能济众,何如? 可谓仁乎?"子曰:"何事于仁,必也圣乎! 尧舜其犹病诸! 夫仁者,己欲立而立人,己欲达而达人。能近取譬,可谓仁之方也已。"(《雍也》)
>
> 知者不惑,仁者不忧,勇者不惧。(《子罕》)
>
> 樊迟问仁,子曰:"居处恭,执事敬,与人忠。虽之夷狄,不可弃也。"(《子路》)
>
> 子路问君子,子曰:"修己以敬。"曰:"如斯而已乎?"曰:"修己以安人。"曰:"如斯而已乎?"曰:"修己以安百姓。修己以安百姓,尧舜其犹病诸!"(《宪问》)
>
> 子贡问曰:"有一言而可以终身行之者乎?"子曰:"其恕乎! 己所不欲,勿施于人。"(《卫灵公》)
>
> 子张问仁于孔子,孔子曰:"能行五者于天下,为仁矣。"请问之。曰:"恭、宽、信、敏、惠。恭则不侮,宽则得众,信则

人任焉,敏则有功,惠则足以使人。"(《阳货》)

君子义以为上。(《阳货》)

以上这些都是孔子言论的记载,其间没有时间的和理论的次序。我们从内容上加以考察,可以看出:(1)孔子以仁为最高的道德原则,而忠、信、恕、孝、悌、恭、宽、敏、惠诸德,都是从属于仁的,是从属于最高原则的道德规范。(2)孔子以知者、勇者与仁者并举,足证孔子也重视智与勇。(3)孔子以为"博施于民而能济众"为高于仁的"圣"的境界。孟子说:"昔者子贡问于孔子曰:夫子圣矣乎?孔子曰:圣则吾不能,我学不厌而教不倦也。子贡曰:学不厌,智也;教不倦,仁也。仁且智,夫子既圣矣。"(《孟子·公孙丑上》)足证"圣"是仁智的统一。(4)孔子提出"中庸",以"中庸"为德之至,可见在孔子的思想中,"中庸"是一种崇高的修养境界。(5)在孔子的言论中,未尝以仁义并举,孔子所谓义只是当然准则之意,还不是一个具体的道德规范。(6)孔子提出君子的标准是"修己以安人",这可理解为孔子关于修养效验的观点。"修己以安百姓"是"尧舜其犹病诸"的"圣"的境界;"修己以安人"是一般人从事道德修养可能达到的境界。

在孔子思想体系中,仁是最高原则,忠、信、孝、悌、恭、宽、敏、惠是规范。所谓原则,所谓规范,都是近代常用的名词。在中国古代,有所谓纲领条目。纲领指较高的原则,条目指具体的规范。原则与规范的区别也是相对的。原则是较高层次的规范,规范是较低层次的原则。

孟子继承孔子,首次明确提出道德的序列。他说:

王如施仁政于民,省刑罚,薄税敛,深耕易耨。壮者以暇日修其孝悌忠信,入以事其父兄,出以事其长上,可使制梃以挞秦楚之坚甲利兵矣。(《孟子·梁惠王上》。下仅举篇名。)

人之有道也,饱食暖衣,逸居而无教,则近于禽兽。圣人有忧之,使契为司徒,教以人伦:父子有亲,君臣有义,夫妇有别,长幼有序,朋友有信。(《滕文公上》)

恻隐之心,人皆有之;羞恶之心,人皆有之;恭敬之心,人皆有之;是非之心,人皆有之。恻隐之心,仁也;羞恶之心,义也;恭敬之心,礼也;是非之心,智也。仁义礼智,非由外铄我也,我固有之也,弗思耳矣。(《告子上》)

这里有三个序列:一,"孝悌忠信";二,五伦;三,仁义礼智。孟子没有讲这三个序列的关系。可以这样理解:"孝悌忠信"是初步的道德;"仁义礼智"是主要道德原则;五伦则是就人与人的关系来讲的。与孔子不同,孟子将"义"与"仁"并列为道德的重要原则。(仁义并举,不是始于孟子。在孟子以前,墨子已将仁义并举。)孟子关于仁义礼智的学说,以仁义礼智为道德的主要原则,对于汉宋的伦理学说有深远的影响。荀子不同意孟子的见解,特别强调礼的重要,以礼为"道德之极",有时也以仁、义、礼并举,没有提出足以代替孟子观点的另一序列。

墨子提出兼爱学说,而兼爱的宗旨在于兴天下之利,除去天下之害。墨子说:

仁人之所以为事者,必兴天下之利,除去天下之害,以此为事者也。(《墨子·兼爱中》。下仅举篇名。)

这里"兴天下之利,除去天下之害"两句,可以说是墨子所宣扬的道德原则。墨子又说:

> 凡言凡动,利于天鬼百姓者为之;凡言凡动,害于天鬼百姓者舍之。(《贵义》)

兴利除害是一切言论行动的准则。墨子所讲的利是"国家百姓人民之利",不是个人的私利。

墨子也承认孝、悌、惠、忠诸德,他认为,只要能实行兼爱的原则,就能体现惠忠孝悌诸德。他说:

> 故君子莫若审兼而务行之,为人君必惠,为人臣必忠,为人父必慈,为人子必孝,为人兄必友,为人弟必悌。故君子莫若欲为惠君忠臣、慈父孝子、友兄悌弟,当若兼之不可不行也,此圣王之道、而万民之大利也。(《兼爱下》)

墨子以为兼爱可以统率惠、忠、孝、悌诸德。

孔子未尝以仁义并举,墨子则曾以仁义并举。

> 子墨子曰:今天下王公大人士君子,中情将欲为仁义,求为上士,上欲中圣王之道,下欲中国家百姓之利,故当尚同之说不可不察。(《尚同下》)

> 子墨子曰:必去六辟,嘿则思,言则诲,动则事,使三者代御,必为圣人;必去喜去怒,去乐去悲去爱,而用仁义。(《贵义》)

看墨子的语气,似乎"仁义"已是当时的"士君子"所经常称道的,不是墨子的首创。可能仁义并举是孔子弟子的弟子所提出的,现在已不可详考了。过去有人认为"仁义"并举始于孟子,那是不符合历史事实的。

《老子》书中菲薄仁义,宣称:"绝圣弃智,民利百倍。绝仁弃义,民复孝慈。"(《老子》十九章)《老子》要求回复原始的"孝慈"。孝慈之外,《老子》亦重视"俭"。老子云:

> 我有三宝,持而保之,一曰慈,二曰俭,三曰不敢为天下先。慈故能勇,俭故能广,不敢为天下先故能成器长。(《老子》六十七章)

孔子未尝以仁义并举,《老子》书中以仁义并举而加以反对,这种反对"仁义"的言论不可能出现在孔子生存的时代。《老子》书中这些辞句最早是与墨子同时,是战国初期的思想。

庄子发挥《老子》的思想,亦鄙视仁义,《齐物论》云:"自我观之,仁义之端,是非之涂,樊然淆乱,吾恶能知其辨?"同时亦不重视利害。《齐物论》云:"死生无变于己,而况利害之端乎!"儒家宣扬仁义,墨家重视利害,庄子一概加以排弃。《庄子》外篇更明确宣扬原始时代的素朴道德,《庄子·马蹄》篇说:

> 彼民有常性,织而衣,耕而食,是谓同德。一而不党,命曰天放。故至德之世,其行填填,其视颠颠。当是时也,山无蹊隧,泽无舟梁,万物群生,连属其乡,禽兽成群,草木遂长,是故禽兽可系羁而游,鸟鹊之巢可攀援而窥。夫至德之世,同与禽兽居,族与万物并,恶乎知君子小人哉?同乎无知,其德不离;同乎无欲,是谓素朴,素朴而民性得矣。

这是要求回到"与鸟兽同群"的原始生活,这是对儒墨所宣扬的道德原则与道德规范的否定。道家对于儒墨的非议,具有一定的批判意义,但是不能够提出足以代替儒家观点的新的规范。

《管子》是战国时代齐国推崇管仲的学者依托管仲而写的论著的结集。有人认为《管子》是稷下学者著作的汇集。事实上,稷下学者如田骈、慎到、宋钘、尹文以及荀子,都各有专著,各自提出一家之言,并未编入《管子》书中。《管子》只能是推崇管仲的稷下学者的著作汇集。《管子》书的《牧民》篇可能保存了管子的遗说。《牧民》篇中提出与儒家所讲有所区别的道德规范,以"礼义廉耻"为"四维",它说:

> 国有四维,一维绝则倾,二维绝则危,三维绝则覆,四维绝则灭。倾可正也,危可安也,覆可起也,灭不可复错也。何谓四维? 一曰礼,二曰义,三曰廉,四曰耻。礼不逾节,义不自进,廉不蔽恶,耻不从枉。故不逾节,则上位安;不自进,则民无巧诈;不蔽恶,则行自全;不从枉,则邪事不生。

《管子》提出"礼义廉耻"四维,主要是从政治来讲的。所谓"四维"就是维系政治安定的四项准绳。礼义是儒家经常宣扬的,耻亦是儒家所重视的,但儒家没有把耻作为一个道德规范。廉,儒家所讲不多。孟子曾说:"伯夷,目不视恶色,耳不听恶声。非其君不事,非其民不使。……故闻伯夷之风者,顽夫廉,懦夫有立志。"(《孟子·万章下》)没有把廉作为一项重要道德规范。强调廉的重要,是《管子》的一个特点。

《管子》还提出一个重要的道德原则,就是"公"。《管子·内业》云:"一言得而天下服,一言定而天下听,公之谓也。"将"公"

提高为一个道德原则,始于《管子》。

《管子》书中有些篇章也宣扬仁义,如《幼官》篇云:"身仁行义,服忠用信,则王。"《五辅》篇云:"事有本,而仁义其要也。"这足以证明仁义学说在战国时代已有广泛的影响。

《管子》所指出的"礼、义、廉、耻"的道德序列对于汉代以后的思想有深刻的影响。

到汉代,经儒家学者的宣扬,"三纲五常"成为统治阶级道德的基本公式。董仲舒在《春秋繁露·基义》中虽提到"三纲"("王道之三纲"),但是未有明确的界说。《白虎通义》引《礼纬·含文嘉》云:"君为臣纲,父为子纲,夫为妻纲。"董仲舒在《春秋繁露》的《五行相生》篇中以仁、义、礼、智、信配五行:木仁,火智,土信,金义,水礼。《白虎通义》云:

> 五性者何? 谓仁义礼智信也。……故人生而应八卦之体,得五气以为常,仁、义、礼、智、信也。

仁、义、礼、智、信称为五常。王充《论衡·本性》云:"人禀天地之性,怀五常之气。"《物势》篇又云:"且一人之身,含五行之气,故一人之行,有五常之操。五常,五行之道也。"足证以五常配五行,是汉代流行的观点。

三纲与五常是什么关系呢? 三纲可以说是维护封建等级秩序的总纲,五常是封建道德的基本原则。三纲是维系封建等级制度的三条绳索,五常则是缓和人与人之间的矛盾的行为准则。

韩愈在《原性》中宣称:"性也者,与生俱生也。……其所以为性者五:曰仁,曰礼,曰信,曰义,曰智。"他也肯定仁义礼智信为基本道德原则。

程颐论性善云：

> 自性而行皆善也。圣人因其善也，则为仁义礼智信以名
> 之；以其施之不同也，故为五者以别之。合而言之皆道，别而
> 言之亦皆道也。（《河南程氏遗书》卷二十五）

程颐以为仁义礼智信为道的内容，即认为仁义礼智信为基本道德
原则。朱熹论性善云：

> 性是太极浑然之体，本不可以名字言；但其中含具万理，
> 而纲领之大者有四，故命之曰仁义礼智。（《朱子大全集·答陈
> 器之》）

朱熹称"仁义礼智"为纲领，亦即基本的道德原则。

宋元明清的主要思想家都肯定仁、义、礼、智是最高的道德原
则。到明清时代，有人将"孝、悌、忠、信"与"礼、义、廉、耻"联结
起来，标举为"孝、悌、忠、信、礼、义、廉、耻"八德。明清时代的一
些通俗书籍中更宣扬"忠、孝、节、义"四德。这些都是封建统治
阶级道德的重要原则和规范。但在思想家中，不论程朱学派、陆
王学派，还是批评程朱陆王的王夫之、戴震，都肯定仁、义、礼、智
是道德的最高原则。

今天所谓原则、规范，在古代著作中称为纲领、条目。纲领是
基本的原则或最高规范，条目是初步的比较具体的行动标准。

三、道德与社会风尚

道德是在社会生活经验的基础上提出来的。人们依据道德

理想而进行活动,谓之道德实践。如果有很多的人都倾向于从事相类似的道德实践,谓之道德风尚。道德风尚是社会风尚的一个方面。社会风尚即是一定时代的大多数人或一定阶级的大多数人所共同具有的兴趣和趋向。有些兴趣和趋向是符合道德的,有些兴趣和趋向是违反道德的,还有些兴趣和趋向既非道德的亦非违反道德的。社会的风尚也即是一定的习惯势力。在历史上,很多思想家提出一定的道德原则与道德规范,其宗旨之一就在于矫正不良的社会风尚。我们研究伦理学说史,必须认识道德与社会风尚的区别与联系。

在中国封建时代,社会上一般人所追求的是富贵利达、声色货利,用简单易懂的话来说,就是升官发财。这是当时的社会风尚。但是这并不是思想家所宣扬的道德原则,而是思想家所力图加以纠正的。近代资产阶级追求利润,唯利是图。但是近代西方资产阶级思想的卓越代表之一康德所宣扬的是"善良意志",资产阶级的许多思想家亦鼓吹互助、利他。应该承认一定时代一定阶级的社会风尚与一定时代一定阶级的思想家所崇奉的道德原则之间,有其重要区别。认识这个区别,才能够正确评价古代和近代的伦理学说。

儒家有许多批评社会风尚的言论,如孔子说:

> 富与贵是人之所欲也,不以其道得之,不处也;贫与贱是人之所恶也,不以其道得之,不去也。君子去仁,恶乎成名?君子无终食之间违仁,造次必于是,颠沛必于是。(《论语·里仁》)

> 士志于道,而耻恶衣恶食者,未足与议也。(同上)

欲富贵,恶贫贱,耻恶衣恶食,这是社会风尚,而"志于道"的人所追求的是仁,是道德的提高。儒家同意"以其道得之"的富贵,而反对"不以其道得之"的富贵。儒家不是彻底摒弃富贵,而是坚持一定的原则,这是儒家的阶级性的表现。

孟子论道德与世俗风尚的不同云:

> 欲贵者人之同心也。人人有贵于己者,弗思耳。人之所贵者,非良贵也。赵孟之所贵,赵孟能贱之。《诗》云:"既醉以酒,既饱以德。"言饱乎仁义也,所以不愿人之膏粱之味也;令闻广誉施于身,所以不愿人之文绣也。(《孟子·告子上》)

> 动容周旋中礼者,盛德之至也;哭死而哀,非为生者也;经德不回,非以干禄也;言语必信,非以正行也。君子行法以俟命而已矣。(《尽心下》)

这里以人人固有的"良贵"(人的内在价值)与"人之所贵"(官爵禄位)对立起来。孟子又引阳虎的话说:"为富不仁矣,为仁不富矣。"(《孟子·滕文公上》)(赵岐注:"富者好聚,仁者好施,施不得聚,道相反也。"朱熹注:"虎之言此,恐为仁之害于富也;孟子引之,恐为富之害于仁也。")富是一般人之所求,仁是有德者的理想,两者是对立的。

荀子评论所谓俗人说:

> 以从俗为善,以货财为宝,以养生为己至道,是民德也。……

> 不学问,无正义,以富利为隆,是俗人者也。(《荀子·

儒效》)

这种"以货财为宝"、"以富利为隆"的生活态度,正是儒家所鄙弃
的。"以货财为宝"、"以富利为隆"就是当时的社会风尚。这种
社会风尚,从战国时代起一直延续下来,影响至今。

王充亦以学问与财富作了比较,他说:

> 世人慕富不荣通,羞贫不贱不贤,不推类以况之也。夫
> 富人可慕者,货财多则饶裕,故人慕之。夫富人不如儒生,儒
> 生不如通人。……道达广博者,孔子之徒也。……故多习博
> 识,无顽鄙之訾,深知道术,无浅暗之毁也。……人生禀五常
> 之性,好道乐学,故辨于物。今则不然,饱食快饮,虑深求卧,
> 腹为饭坑,肠为酒囊,是则物也。倮虫三百,人为之长。天地
> 之性人为贵,贵其识知也。今闭暗脂塞,无所好欲,与三百倮
> 虫何以异? 而谓之为长而贵之乎? (《论衡·别通》)

王充推崇通人,强调知识的重要,批评一般人"慕富"的风尚。学
者思想家的志趣和普通人不同,王充是不满意当时的社会风
尚的。

应该承认,许多在理论上有贡献的思想家,都是当时社会风
气的批判者。许多正直的思想家都致力于移风易俗的斗争,即改
变不良的风气。他们的言论和行动,在一定条件下,在一定范围
内,可能会发生有益的作用。

道德与社会风尚有一定的区别,这是历史事实。所以,在社
会变革的时代,要建立新道德,应反对旧道德,但更须剖析批判旧
社会流传下来的风俗习惯。例如恃权怙势、以权谋私、见利忘义、

损公肥私,这些旧时代的遗留,也正是往时思想家所痛心疾首的不良风气,这些是不能由思想家负责的。而分析发扬进步思想家的优良传统,对于树立健全的新风也可能有一定的帮助。

四、道德的社会效应

道德是必须见之于行动的,因而必然有一定的社会效应。考察道德的实际效应,才能认识道德的实际意义。

道德的实际效应,也就是善的实际效应。所谓善,在人类历史上,有无实际作用呢?

恩格斯曾在谈到恶的历史作用的问题时说:

> 在黑格尔那里,恶是历史发展的动力借以表现出来的形式。这里有双重的意思,一方面,每一种新的进步都必然表现为对某一神圣事物的亵渎,表现为对陈旧的、日渐衰亡的、但为习惯所崇奉的秩序的叛逆,另一方面,自从阶级对立产生以来,正是人的恶劣的情欲——贪欲和权势欲成了历史发展的杠杆,关于这方面,例如封建制度的和资产阶级的历史就是一个独一无二的持续不断的证明。但是,费尔巴哈就没有想到要研究道德上的恶所起的历史作用。(《路德维希·费尔巴哈和德国古典哲学的终结》,《马克思恩格斯选集》第4卷,第233页。人民出版社,1972年版)

恶所起的历史作用,表现于两个方面。这里第一方面实际上是说明了善与恶的相互转化。新的进步,在旧的眼光看来是恶的,在新的标准看来却是善的。这第二方面,恶劣的情欲无论从旧的标

准还是从新的标准看来都是恶劣的,然而能引起新的发展,这也是说明善与恶的相互转化。恩格斯又说过:

> 卑劣的贪欲是文明时代从它存在的第一日起直至今日的动力;财富,财富,第三还是财富——不是社会的财富,而是这个微不足道的单个的个人的财富,这就是文明时代唯一的、具有决定意义的目的。(《家庭、私有制和国家的起源》,《马克思恩格斯选集》第4卷,第173页。人民出版社,1972年版)

恩格斯这里强调贪欲是文明时代的动力,意在说明文明之中包含着堕落。思想、理论在历史上是否毫无作用呢? 恩格斯论18世纪法国启蒙学者时说:

> 现代社会主义,就其内容来说,首先是对统治于现代社会中的有产者和无产者之间、资本家和雇佣工人之间的阶级对立和统治于生产中的无政府状态这两个方面进行考察的结果。但是,就其理论形式来说,它起初表现为18世纪法国伟大启蒙学者所提出的各种原则的进一步的、似乎更彻底的发展。……
>
> 在法国为行将到来的革命启发过人们头脑的那些伟大人物,本身都是非常革命的。他们不承认任何外界的权威,不管这种权威是什么样的。宗教、自然观、社会、国家制度,一切都受到了最无情的批判;一切都必须在理性的法庭面前为自己的存在作辩护或者放弃存在的权利。思维着的悟性成了衡量一切的唯一尺度。那时,如黑格尔所说的,是世界用头立地的时代,最初,这句话的意思是:人的头脑以及通过

它的思维发现的原理,要求成为一切人类活动和社会结合的基础;后来这句话又有了更广泛的含义:和这些原理矛盾的现实,实际上被上下颠倒了。(《反杜林论》,《马克思恩格斯选集》第3卷,第56—57页。人民出版社,1972年版)

法国启蒙学者对于法国革命起过"启发人们头脑"的作用,而且是现代社会主义的理论渊源,其历史作用不是非常伟大吗? 不但法国启蒙学者是如此,古代的有影响的思想家也都有一定的"启发人们头脑"的作用。法国启蒙学者宣扬的是理性,古代思想家宣扬的是善。财富的追求固然是文明发展的动力之一;理想的追求也是促进历史发展的动力。事实上,许多科学家从事于发明创造,并不是为了个人财富,而是为了寻求真理,改善人类的生活。

明清之际的卓越思想家王夫之也有见于恶的历史作用,他论秦始皇推行郡县制说:

> 郡县之制,垂二千年而弗能改矣,合古今上下皆安之,势之所趋,岂非理而能然哉? ……秦以私天下之心而罢侯置守,而天假其私以行其大公,存乎神者之不测,有如是夫! (《读通鉴论》卷一)

又论汉武帝开辟西南地区说:

> 武帝之始,闻善马而远求耳,骞以此而逢其欲,亦未念及牂柯之可辟在内地也;然因是而贵筑、昆明垂及于今而为冠带之国,此岂武帝张骞之意计所及哉? ……以不令之君臣,役难堪之百姓,而即其失也以为得,即其罪也以为功,诚有不测者矣。(《读通鉴论》卷三)

汉武帝遣张骞通西域,又派人开拓西南,使中原文化扩延于广大地区,这对于中华民族的发展壮大具重要意义,但汉武帝本来是为了满足私欲而已。"即其失也以为得,即其罪也以为功。"功罪得失是相互联系的。

王夫之承认恶的历史作用,更肯定善的历史作用,他论学术的重要说:

> 天下不可一日废者,道也;天下废之,而存之者在我。故君子一日不可废者,学也。……见之功业者,虽广而短;存之人心风欲者,虽狭而长。一日行之习之,而天地之心,昭垂于一日;一人闻之信之,而人禽之辨,立达于一人。……君子自竭其才以尽人道之极致者,唯此为务焉。(《读通鉴论》卷九)

又论历史的进步云:

> 唐虞以前,无得而详考也,然衣裳未正,五品未清,婚姻未别,丧祭未修,狉狉獉獉,人之异于禽兽无几也。……至于春秋之世,弑君者三十三,弑父者三,卿大夫之父子相夷、兄弟相杀、姻党相灭,无国无岁而无之。……孔子成《春秋》而乱贼始惧,删《诗》、《书》,定礼、乐,而道术始明。然则治唐虞三代之民难,而治后世之民易,亦较然矣。……帝王经理之余,孔子垂训之后,民固不乏败类,而视唐虞三代帝王初兴政教未孚之日,其愈也多矣。(《读通鉴论》卷二十)

王夫之这里所谓道指基本的道德原则,所谓学指对于道德原则的研习。他认为这样的道与学是人类社会得以维持的基础。他更夸大了孔子提倡道德教育的作用。这些观点都未能摆脱唯心史观的局限。但是,王夫之肯定道德教育在历史上的积极作用,还是有一定的事实根据的。唯物史观并不否认道德的社会作用。

道德是相对的,善与恶可以相互转化。王夫之推崇儒学,但也批评宋儒说:

> 有宋诸大儒疾败类之贪残,念民生之困瘁,率尚威严,纠虔吏治,其持论既然,而临官驭吏,亦以扶贫弱、锄豪猾为己任,甚则醉饱之愆,帘帷之失,书箧之馈,无所不用其举劾,用快舆论之心。虽然,以儒者而暗用申韩之术……而其失不可掩已。(《读通鉴论》卷二十二)

事实上,宋儒"以扶贫弱、锄豪猾为己任",并不为过。但在宋元明清时代,君主专制进一步加强,所谓"君为臣纲、父为子纲、夫为妻纲"的三纲,变本加厉。有的理学家提出"天下无不是底父母"、"天下无不是底君",更强调妇女的贞节,于是所谓礼教演变而成为"以理杀人"的工具,成为社会进步的严重障碍。在这样情况下,所谓善转化而为恶,对于三纲的批判才是有益于社会发展的进步思想。这就是表示,道德变革的时代到来了。

我们研究伦理思想史,必须研究不同时代的道德学说的具体的历史作用。

第四章　道德的阶级性与继承性

许多古代思想家和一些近代思想家认为道德的原则和规范是普遍性的、永恒性的。但是从实际情况看来，不同时代有不同的道德，不同社会有不同的道德，道德具有相对性、特殊性。就普遍与特殊的关系来说，普遍寓于特殊之中，特殊含有普遍。这普遍与特殊的关系是否也表现于道德呢？这里包含道德的阶级性与继承性的问题。

一、中国古代思想家论道德的普遍性与相对性

中国古代多数思想家认为道德是普遍的，是人人必须遵守的。孔子说："谁能出不由户，何莫由斯道也？"（《论语·雍也》）《中庸》说："道也者，不可须臾离也，可离非道也。"都肯定道德原则具有普遍性。孟子说："仁，人心也；义，人路也。"（《孟子·告子上》）肯定仁义是人类生活的普遍原则。但孟子也承认不同学派对于仁义有不同意见。他说："杨子取为我，拔一毛而利天下，不

为也。墨子兼爱,摩顶放踵利天下为之。"(《孟子·尽心上》)杨墨与儒家不同,各有自己的道德原则,孟子以"距杨墨"为己任,他说:"杨墨之道不息,孔子之道不著,是邪说诬民,充塞仁义也。……能言距杨墨者,圣人之徒也。"(《孟子·滕文公下》)儒、杨、墨三家的论战,说明实际上没有人人公认的普遍原则。

《庄子·外篇》中着重指出了道德的相对性,《秋水》篇云:

> 以趣观之,因其所然而然之,则万物莫不然;因其所非而非之,则万物莫不非。知尧桀之自然而相非,则趣操睹矣。昔者尧舜让而帝,之哙让而绝;汤武争而王,白公争而灭。由此观之,争让之礼,尧桀之行,贵贱有时,未可以为常也。

这是认为是非的原则因时代而不同。《胠箧》篇云:

> 故跖之徒问于跖曰:盗亦有道乎? 跖曰:何适而无有道耶? 夫妄意室中之藏,圣也;入先,勇也;出后,义也;知可否,知也;分均,仁也。五者不备而能成大盗者,天下未之有也。由是观之,善人不得圣人之道不立,跖不得圣人之道不行。天下之善人少而不善人多,则圣人之利天下也少而害天下也多。

这里以圣人与大盗相提并论,宣称所谓圣人之道固然是"善人"所遵守,但也可以为"不善人"所利用,而盗跖是不善人中最突出的。盗跖是传说中的"大盗",他和劳动人民的关系,已不可考。战国时期许多站在劳动人民的立场的人物大多主张"自食其力",如"为神农之言者"许行就是,这些人并不赞扬盗窃。但是,盗跖属于被统治阶级则是可以确定的。《庄子》的这段议论也表

明,不同的阶级虽然都标举相同的道德观念,其名词概念相同,而内容涵义则不同。《庄子·胠箧》又说:

> 为之仁义以矫之,则并与仁义而窃之。何以知其然耶?彼窃钩者诛,窃国者为诸侯,诸侯之门,而仁义存焉。则是非窃仁义圣知耶? ……此重利盗跖而使不可禁者,是乃圣人之过也。

仁义可以为有权有势者所利用以达到其自私自利的目的,仁义成为权势的点缀与伪装。

《庄子·外篇》揭示了仁义等道德的相对性,具有相当深刻的理论意义。儒家以仁义为主要道德,但是道家把仁义与道德对立起来。《庄子·马蹄》说:“道德不废,安取仁义?”从《老子》开始,认为道是天地万物的本原,德是万物的自然本性,而仁义则是对于自然本性的违离。这所谓道德是道家的用语。我们这里所谓道德的相对性,仍然采取普通的用语。

二、道德的阶级性

马克思主义关于道德的学说明确提出道德的阶级性。恩格斯论近代西方社会的道德时说:

> 善恶观念从一个民族到另一个民族、从一个时代到另一个时代变更得这样厉害,以致它们常常是互相直接矛盾的。……今天向我们宣扬的是什么样的道德呢?首先是由过去的宗教时代传下来的基督教的封建主义道德……和这些道德并列的,有现代资产阶级的道德,和资产阶级道德并

列的，又有无产阶级的未来的道德，所以仅仅在欧洲最先进国家中，过去、现在和将来就提供了三大类同时并存的各自起着作用的道德论。(《反杜林论》,《马克思恩格斯选集》第 3 卷，第 132—133 页。人民出版社,1972 年版)

在西方资本主义社会中存在三类不同的道德。恩格斯指出了这三类道德的阶级根源：

> 但是，如果我们看到，现代社会的三个阶级即封建贵族、资产阶级和无产阶级都各有自己的特殊的道德，那末我们由此只能得出这样的结论：人们自觉地或不自觉地，归根到底总是从他们阶级地位所依据的实际关系中——从他们进行生产和交换的经济关系中，吸取自己的道德观念。……因此，我们驳斥一切想把任何道德教条当做永恒的、终极的，从此不变的道德规律强加给我们的企图，这种企图的借口是，道德的世界也有凌驾于历史和民族差别之上的不变的原则。相反地，我们断定，一切已往的道德论归根到底都是当时的社会经济状况的产物。而社会直到现在还是在阶级对立中运动的，所以道德始终是阶级的道德；它或者为统治阶级的统治和利益辩护，或者当被压迫阶级变得足够强大时，代表被压迫者对这个统治的反抗和他们的未来利益。(《反杜林论》,《马克思恩格斯选集》第 3 卷，第 133—134 页。人民出版社,1972 年版)

在阶级社会中，道德是阶级的道德。不同的阶级从自己的阶级地位中汲取自己的道德观念，不同阶级的道德反映不同阶级的阶级利益。

　　阶级社会中的道德是阶级的道德,这是符合实际的科学论断。但是,这里也还有一些比较复杂的问题值得讨论:在阶级社会中,道德具有阶级性,是否也有共同的道德? 人类道德渊源于阶级尚未出现的原始社会,原始社会的道德对于后来的阶级道德有无影响? 中国封建时代,道德与阶级斗争的关系如何? 以下略加分疏。

　　恩格斯也曾指出,近代西方资本主义社会的三种不同的道德论中有一些共同之处。他说:

　　　　但是在上述三种道德论中还是有一些对所有这三者来说都是共同的东西……这三种道德论代表同一历史发展的三个不同阶段,所以有共同的历史背景,正因为这样,就必然具有许多共同之处。(《反杜林论》,《马克思恩格斯选集》第3卷,第133页。人民出版社,1972年版)

恩格斯举出,在存在着动产的私有制的社会,有一条共同的道德戒律:"切勿偷盗。"并且指出,在未来"偷盗动机已被消除的社会里",这一条将不成其为道德戒律。

　　在阶级社会里,不同的阶级有不同的道德,不同的阶级道德之间存在着相互对立、相互矛盾的关系。但是一切对立都有其相互统一的关系,一切矛盾都有其相互依存、相互渗透的关系,道德亦不能例外。不同阶级的道德之间相互统一的关系何在呢?

　　不同阶级的道德是不同的阶级利益的反映。在阶级社会中除了不同阶级利益之外是否也有社会的共同利益呢? 应该承认,

在阶级社会之中,除了各阶级的不同的阶级利益之外,也还有一定的共同利益。马克思、恩格斯在《德意志意识形态》中说:

> 随着分工的发展也产生了个人利益或单个家庭的利益与所有互相交往的人们的共同利益之间的矛盾;同时,这种共同的利益不是仅仅作为一种"普遍的东西"存在于观念之中,而且首先是作为彼此分工的个人之间的相互依存关系存在于现实之中。(《马克思恩格斯选集》第1卷,第37页。人民出版社,1972年版)

又说:

> 正是由于私人利益和公共利益之间的这种矛盾,公共利益才以国家的姿态而采取一种和实际利益(不论是单个的还是共同的)脱离的独立形式,也就是说采取一种虚幻的共同体的形式。然而这始终是在每一个家庭或部落集团中现有的骨肉联系、语言联系、较大规模的分工联系以及其他利害关系的现实基础上,特别是在我们以后将要证明的各阶级利益的基础上发生的。(《马克思恩格斯选集》第1卷,第38页。人民出版社,1972年版)

在个人利益、家庭利益和阶级利益之上,还有共同利益,这共同利益存在于现实之中,而国家正是为了调解私人利益与公共利益的矛盾而产生的。恩格斯在《路德维希·费尔巴哈和德国古典哲学的终结》中也说:

> 社会创立一个机关来保护自己的共同利益,免遭内部和外部的侵犯。这种机关就是国家政权。它刚一产生,对社会

来说就是独立的,而且它愈是成为某个阶级的机关,愈是直接地实现这一阶级的统治,它就愈加独立。(《马克思恩格斯选集》第4卷,第249页。人民出版社,1972年版)

国家是社会所创立的保护共同利益的机关,同时又是统治阶级实行统治的机关。国家的创立是为了对付内部和外部对于共同利益的侵犯。外部的侵犯指外来的侵略;内部的侵犯指一些人违反共同利益的行为。国家作为统治阶级的统治机关必然也要压制被统治阶级对于统治阶级的反抗。这样,国家就具有双重性。

社会既然有共同利益,必然也有反映社会共同利益的道德观念,这种道德可以称为共同的道德,即不同阶级共同承认的道德。

列宁曾经提到"公共生活规则",他说:

> 只有在共产主义社会中……人们既然摆脱了资本主义奴隶制,摆脱了资本主义剥削制所造成的无数残暴、野蛮、荒谬和卑鄙的现象,也就会逐渐习惯于遵守数百年来人们就知道的、数千年来在一切处世格言上反复谈到的、起码的公共生活规则,自动地遵守这些规则,而不需要暴力,不需要强制,不需要服从,不需要所谓国家这种实行强制的特殊机构。(《国家与革命》,《列宁选集》第3卷,第247页。人民出版社,1972年版)

这类"公共生活规则"是数千年来处世格言上反复谈到的,在这个意义上应该说是共同的道德;但这些"公共生活规则"又是数千年来人们不能自动遵守的,表明这些公共生活规则是阶级社会中难以贯彻实行的。列宁还说过："产生违反公共生活规则的捣乱行为的社会根源是群众受剥削和群众贫困。"(同上书,第249页)公共生活规则所以不能贯彻实行,在于阶级压迫的存在。公共生活规则在阶级社会中是难以贯彻实行的,但是在人们的意识中存在着这些公共生活规则,却还是事实。

起码的公共生活规则是维持社会生活的正常进行所必需的,虽然未免遭受违反和破坏,但多数群众还是能够在一定程度上遵守的,否则社会秩序就无法维持,物质生产和精神生产也难以进行了。

公共生活规则是社会共同利益的反映。反映社会共同利益的道德还不限于公共生活规则,更重要的还有对待外来侵略的道德。每一民族,在受到外来侵略的时候,除了少数内奸之外,全民族各阶级各阶层的人们,同仇敌忾,奋起抗战,这是维护民族生存的最重要的道德。中国古代思想家宣扬的"精忠报国"、"民族气节",就是统治阶级和劳动人民共同遵守的道德。在世界大同尚未实现、民族差别尚未消灭之前,这种爱国主义的道德原则是必须肯定的。

在历史上,社会公共道德的产生早于阶级道德。人类道德起源于原始共产制社会,当时阶级尚未分化,已经有共同遵守的道德。恩格斯在叙述原始社会的情况时说:

> 而这种十分单纯质朴的氏族制度是一种多么美妙的制度呵！没有军队、宪兵和警察,没有贵族、国王、总督、地方官和法官,没有监狱,没有诉讼,而一切都是有条有理的。一切争端和纠纷,都由当事人的全体即氏族或部落来解决,或者

由各个氏族相互解决；血族复仇仅仅当作一种极端的、很少
应用的手段；……一切问题，都由当事人自己解决，在大多数
情况下，历来的习俗就把一切调整好了。不会有贫穷困苦的
人，因为共产制的家庭经济和氏族都知道它们对于老年人、
病人和战争残废者所负的义务。大家都是平等、自由的，包
括妇女在内。……凡与未被腐化的印第安人接触过的白种
人，都称赞这种野蛮人的自尊心、公正、刚强和勇敢，这些称
赞证明了，这样的社会能够产生怎样的男子、怎样的妇女。
(《家庭、私有制和国家的起源》,《马克思恩格斯选集》第 4 卷, 第 92—
93 页。人民出版社,1972 年版)

在原始共产制的社会中，道德是纯朴的，人与人是平等的，都表现
了自尊心、公正、刚强和勇敢。随着阶级的分化，原始的氏族制度
崩溃了。但这原始社会给人留下了美妙的回忆。儒家的"大同"
学说实质上就是对于原始社会的怀想。《礼记·礼运》说：

大道之行也，天下为公，选贤与能，讲信修睦。故人不独
亲其亲，不独子其子；使老有所终，壮有所用，幼有所长，矜寡
孤独废疾者，皆有所养。男有分，女有归。货恶其弃于地也，
不必藏于己；力恶其不出于身也，不必为己。是故谋闭而不
兴，盗窃乱贼而不作，故外户而不闭。是谓大同。今大道既
隐，天下为家，各亲其亲，各子其子，货力为己。大人世及以
为礼，城郭沟池以为固，礼义以为纪，以正君臣，以笃父子，以
睦兄弟，以和夫妇，以设制度，以立田里，以贤勇智，以功为
己，故谋用是作，而兵由此起。禹、汤、文、武、成王、周公，由

此其选也。此六君子者未有不谨于礼者也；以著其义，以考
其信，著有过，刑（型）仁讲让，示民有常。如有不由此者，在
势者去，众以为殃。是谓小康。

《礼运》的作者称此为孔子之言，当是出于依托。《礼运》的作者
不可能有阶级观点，但在这里把"大同"与"小康"作了显明的对
比，实际上是把原始社会与阶级社会作了明显的对比，讲得深刻
而具体。"大同"之世，"天下为公"，其主要道德是"讲信修睦"；
"小康"之世，"天下为家"，其主要道德是"型仁讲让"。大同之世
还没有所谓"礼"，小康之世主要是靠礼来维持的。

西方流行的"处世格言"起于何时，我没有研究。中国流行
的"处世格言"，从春秋时期以来，主要是儒家所传诵的。儒家的
思想学说实以上古时代以来的历史传统为根据。孔子"祖述尧
舜，宪章文武"，他的学说基本上是尧舜和夏、商、周三代的政治
教育经验的总结。尧舜时代应是原始社会的末期。疑古派否认
尧舜的历史真实性，实际上是没有充足理由的。中国的"处世格
言"中所宣扬的"公共生活的规则"，其渊源在于原始社会，但经
过了阶级社会里统治阶级思想家的加工。

中国的阶级社会大概始于夏代，经过奴隶制，转变到封建制。
中国的封建社会延续的时间最长，应如何考察中国封建时代道德
观念与阶级斗争的关系呢？

恩格斯论近代西方社会的道德，举出封建主义的道德、资产
阶级的道德以及无产阶级的道德，没有提到农民和小资产阶级的
道德。中国封建时代，没有资产阶级，更没有近代无产阶级，是否
仅仅存在着封建主义的道德呢？从《庄子》外篇所谓"盗亦有道"

以及《史记·游侠列传》所叙述的游侠道德来看,在中国封建时代的社会中,也还有与封建主义的道德对立的道德。历代起义农民,在发起反抗斗争的时候,也往往提出自己的道德观念。这些道德观念是对抗地主阶级统治的道德,可以笼统地称为劳动人民的道德,亦可简称为人民道德。盗跖和游侠未必从事于劳动,但与劳动者有较多的联系。恩格斯论阶级道德时没有提到农民和小资产阶级的道德,这并不是疏忽,而是有一定理由的。这是因为,农民和小资产阶级不代表新的生产关系,因而不可能提出完整的独立的道德体系。实际上,中国古代与封建主义道德对抗的劳动人民道德确实没有完整的独立的道德体系。这是应该注意的,否则就会违离了历史事实。马克思、恩格斯在《德意志意识形态》中说:

> 统治阶级的思想在每一时代都是占统治地位的思想。这就是说,一个阶级是社会上占统治地位的物质力量,同时也是社会上占统治地位的精神力量。支配着物质生产资料的阶级,同时也支配着精神生产的资料,因此,那些没有精神生产资料的人的思想,一般地是受统治阶级支配的。(《马克思恩格斯选集》第1卷,第52页。人民出版社,1972年版)

这种情况在封建时代尤其显著。在封建时代,农民和手工业者等小生产者的思想一般接受了封建统治阶级思想的严重影响。但是,农民和手工业者等小生产者的思想也有与封建统治阶级的思想相对立之处,即这些小生产者大多信奉平均主义。宋代农民起义提出"均贫富、等贵贱"的政治纲领,在道德观念上宣扬平均主义。但是起义农民一旦取得了政权,就迅速向封建制转化,接受了贵贱等级观念。这也表明,农民等劳动群众不可能长期坚持自己的独立思想。

三、道德的普遍性形式与特殊性内容

道德观念和道德规范有一个显著的特点,即一方面具有普遍性形式,一方面又具有特殊性的内容。道德准则的一般方式是对于一切人都应如何如何;而在实际上只是对于一定范围的人如何如何。孔子宣扬"仁者爱人",主张"泛爱众",即爱一切人,实际上仅只爱一定范围的人。墨子宣扬"兼爱",主张"爱无差等",实际上也不可能爱一切人。这是道德规范的公例。我认为,从古以来,道德原则都是具有普遍性形式的,这正是道德所以为道德的特点。如果舍弃了普遍性形式,那也就失去了道德原则的严肃意义了。

统治阶级的道德原则采取普遍性形式,也不是完全没有依据。统治阶级的道德,一方面反映了统治阶级的利益,另一方面也在一定程度上反映了社会的共同利益。统治阶级作为掌握国家政权的阶级,以公共利益的维护者自居,一方面反对国家内部对于公共利益的侵犯,另一方面反对外来的侵略以保卫民族的独立。在中国历史上,统治阶级的道德一般要起两方面的作用:一方面维护当时的统治秩序,力图显示阶级统治的合理性;另一方面也要保证被统治的人民的一定程度的生活,使他们安于受统治的地位,能够"安居乐业"。这样,统治阶级的道德既须反对被压迫阶级的"犯上作乱",同时也要反对统治阶级内部的分子"违法

乱纪"。统治阶级的道德是维护剥削的,但也要把剥削限制在一定的范围之内。一些特权者对人民"敲骨吸髓",加重压迫与剥削,那是违反道德的。封建统治阶级虽然往往把统治阶级的利益冒充为公共利益,但是确实也重视那些与被压迫阶级利益密切联系的真实的公共利益。这些复杂情况都是考察古代伦理学说时必须注意的。

道德观念、道德范畴,都有形式与内容两个方面。不同阶级的道德,经常是具有共同的形式,而各自蕴含特定的内容。这又有几种情况。有不同阶级共同肯定的道德,其显著的例证是信与廉。孔子说:"人而无信,不知其可。"又说:"民无信不立。"《大学》说:"与国人交,止于信。"儒家是讲信的,而游侠之士更特重守信。信是最基本的公共道德之一。统治阶级提倡廉洁,人民拥护廉洁的官吏。廉也为不同阶级所共同肯定。有一些道德规范,统治阶级和劳动人民都加以宣扬,而统治阶级和劳动人民的实际要求却不相同。例如义和勇。统治阶级所谓义的主要含义是承认私有财产、保护私有财产,而劳动人民所谓义的主要含义是人人均等、有福同享。统治阶级所谓勇是为统治者冒险冲锋,劳动人民所谓勇是敢于反抗统治者的压迫。

随着历史的发展,道德也在演变。道德演变的方式有二:一是随着时代的需要特别是革命的需要,创立新的道德规范,宣扬新的道德原则;二是利用旧形式,赋予以新内容。这两者是并行不悖的。利用旧形式赋予新内容,亦即接受旧概念,注入新涵义。例如忠,其本来意义是尽心帮助别人,后来专用为臣民对君主的道德,指尽心尽力为君主服务。现在我们宣扬忠于人民,忠于民族,忠于国家,废除了忠君之义,这是时代的进步。同时,在必要时,根据实际情况,概括新的道德范畴也是必要的。

四、道德的继承性——如何评价传统美德

历史上不同的阶级有其不同的道德,这是道德的阶级性;而古往今来,任何阶级的分子都必须遵守一定的道德,这可谓道德的普遍性。人类道德是随时代的变化而变化的,这是道德的变革性;而后一时代的道德是从前一时代的道德演变而来的,前后之间也有一定的继承关系,这可谓道德的继承性。1919 年"五四"新文化运动批判旧道德,提倡新道德,表现了历史的进步。当时所批判的是封建主义道德,当时所宣扬的主要是资产阶级道德。新中国建立,我们进行社会主义革命与社会主义建设,我们要大力宣扬共产主义道德。共产主义道德是无产阶级领导广大人民进行革命斗争中提出并宣扬的。列宁在《青年团的任务》中论共产主义道德说:

> 我们的道德完全服从无产阶级阶级斗争的利益。我们的道德是从无产阶级阶级斗争的利益中引伸出来的。
>
> 道德是为破坏剥削者的旧社会、把全体劳动者团结到创立共产主义者新社会的无产阶级周围服务的。
>
> 共产主义的道德就是为了把劳动者团结起来反对一切剥削和一切小私有制服务的道德。(《列宁选集》第 4 卷,第 352—353 页。人民出版社,1972 年版)

这就是说共产主义道德是从无产阶级的实际斗争中引申出来的。

但是在同一篇文章中,列宁谈论无产阶级文化时又说:

> 应当明确地认识到,只有确切地了解人类全部发展过程
> 所创造的文化,只有对这种文化加以改造,才能建设无产阶
> 级的文化,没有这样的认识,我们就不能完成这项任
> 务。……无产阶级文化应当是人类在资本主义社会、地主社
> 会和官僚社会压迫下创造出来的全部知识合乎规律的发展。
> (《青年团的任务》,《列宁选集》第 4 卷,第 348 页。人民出版社,1972
> 年版)

道德是文化的组成部分,对于文化的论断应当也适用于道德。列
宁关于道德的提示和关于文化的提示并无矛盾。共产主义道德
主要是从无产阶级的实际革命斗争中引申出来的,同时也要参考
人类全部发展过程中关于道德的理论知识。我们对于以往思想
家的错误观点要加以批判,对于以往思想家的一些有益于社会发
展的观点也要予以正确的评价。一方面要从实际革命斗争中总
结经验,确定基本原则,另一方面也要从历史传统中汲取知识,建
立理论体系。

在中国封建时代,占统治地位的道德是封建主义的道德,在
封建主义道德之外还有在一定程度上与封建主义道德相对立的
劳动人民的道德。劳动人民的道德表现了反剥削、反特权的倾
向,这是应该继承的。但是,旧时代劳动人民道德又有平均主义
的倾向,这就应该加以分析、扬弃。对于以三纲(君为臣纲、父为
子纲、夫为妻纲)为核心的封建道德,必须加以严肃的批判。但
对封建时代的伦理学说,是否也有值得区别对待的呢? 我们认

为,古代思想家肯定道德的精神价值,肯定人格尊严的思想,宣扬"精忠报国"的爱国主义思想,宣扬刚健有为、自强不息的进步思想,在陶铸中华民族的民族精神上曾经起过卓越的作用,还是应该继承的。对于地主阶级中涌现的志士仁人、为国捐躯的民族英雄,更应该加以崇敬赞扬。传统道德中反映公共利益的道德原则、维护民族利益的道德原则,都是应该肯定的。

中国传统道德中,勤、俭、信、廉,是大多数人民所共同肯定的,可以称为传统美德,时至今日,也还有其重要价值,是建设具有中国特色的社会主义精神文明所不可缺少的。中国传统道德中最重要的规范是仁(泛爱),应如何批判继承,因为问题比较复杂,留待下章讨论。

还有一个理论问题必须谈到,即,对于古代思想家关于道德普遍原则的学说,应如何评价呢? 从古以来,以至近代,都有人宣扬人类道德的普遍原则。恩格斯对此曾痛下针砭。恩格斯批评费尔巴哈说:

> 简单扼要地说,费尔巴哈的道德论是和它的一切前驱者一样的。它适用于一切时代、一切民族、一切情况;正因为如此,它在任何时候和任何地方都是不适用的,而在现实世界面前,是和康德的绝对命令一样软弱无力的。(《路德维希·费尔巴哈和德国古典哲学的终结》,《马克思恩格斯选集》第4卷,第236页。人民出版社,1972年版)

在西方,康德和费尔巴哈宣扬道德的普遍原则(当然不止这两家),在中国,自孔子孟子以至王夫之、戴震,也都宣扬道德的普遍原则。这些道德论,适用于一切时代、一切民族、一切情况;而实际上在任何时候、任何地方都是软弱无力的。它不可能作为实际活动的指针。那么,这些道德论就毫无理论价值了么?我以为,这类道德学说,虽不可能作为实际革命斗争的武器,但是也还有一定的理论意义,可以说是人类在寻求自我认识的道路上必经的环节。这些普遍原则,一方面固然是任何时候任何地方都不能解决实际问题的,另一方面也可以说是任何时候任何地方那些能够解决实际问题的具体方案所不能违背的。这只是一些抽象的基本原则。而且,这些关于道德普遍原则的宣述,如果用来反对一切违反人性、背离人道的罪恶行为,也不是完全不起任何作用的。五十年代后期以来,把肯定人性的言论作为资产阶级人性论来批判,把宣扬人道的言论作为反动的资产阶级人道主义来批判,到了所谓"文化大革命",更走向极端,酿成严重的惨祸,这种历史教训,不应引起深刻的反省吗?

　　古代思想家和近代资产阶级思想都不承认、不理解道德的阶级性。马克思、恩格斯提出道德阶级性的理论,是伦理学史上的重大变革。但是,道德的阶级性并不排除道德的继承性。人类对于客观世界的认识,经历了曲折的前进道路;人类对于道德准则的认识,也经历了曲折的前进道路。古代思想家在这个道路上所走的每一步都给后人以深切的启迪。恩格斯在论述黑格尔哲学时说:"像对民族的精神发展有过如此巨大影响的黑格尔哲学这样的伟大创作,是不能用干脆置之不理的办法加以消除的。必须从它的本来意义上'扬弃'它,就是说,要批判地消灭它的形式,但是要救出通过这个形式获得的新内容。"(《路德维希·费尔巴哈和德国古典哲学的终结》,《马克思恩格斯选集》第 4 卷,第 219 页。人民出版社,1972 年版)中国古代思想家的道德学说对于中华民族的精神发展确实有过非常巨大的影响,是应该予以分析,从而进行批判继承的。

第五章 如何分析人性学说

人性问题是中国伦理学史上一个重要问题。自孟荀以来,汉唐宋明的许多思想家都提出了自己关于人性的学说,纷纭错综,争论不休。这些关于人性的学说的实际意义何在？各种不同的人性学说应如何评价？关于人性学说的是非真妄应如何判断？这些都是研究伦理学史必须注意的问题。

一、所谓人性的意义

首先应该正确理解各派思想家所谓"性"的意义。在中国哲学史上,第一个提出"性"的界说的是告子。(据《墨子》、《孟子》的记载,告子是墨子的晚辈,而长于孟子。)《孟子》书中记载告子的言论说:"生之谓性。"又说:"食色性也。"(《孟子·告子上》)生而具有的叫做性,性的内容就是食色。

与告子"生之谓性"之说意义相近的还有：

荀子:"生之所以然者谓之性。"(《荀子·正名》)

又："凡性者,天之就也,不可学,不可事……不可学不可事而在人者,谓之性。"(《荀子·性恶》)

董仲舒："如其生之自然之资谓之性。"(《春秋繁露·深察名号》)

刘向："性,生而然者也。"(《论衡·本性》引)

告子"生之谓性"之说,简而未明。荀子所谓"不可学不可事而在人者",意较明确,性即是生而具有、不待学习的活动。这个意义的性,用现代的名词说,即是本能。

孟子不同意告子"生之谓性"之说,《孟子·告子上》记载孟子与告子的辩论云:

孟子曰："生之谓性也,犹白之谓白与?"曰："然。""白羽之白也,犹白雪之白,白雪之白犹白玉之白与?"曰："然。""然则犬之性犹牛之性,牛之性犹人之性与?"

孟子强调了"人之性"与"犬之性"、"牛之性"的区别。又强调人与人是同类,他说:

故凡同类者举相似也,何独至于人而疑之? 圣人与我同类者。故龙子曰："不知足而为屦,我知其不为蒉也。"屦之相似,天下之足同也。口之于味有同耆也。易牙先得我口之所耆者也。如使口之于味也,其性与人殊,若犬马之与我不同类也,则天下何耆皆从易牙之于味也? ……口之于味也,有同耆焉;耳之于声也,有同听焉;目之于色也,有同美焉。至于心,独无所同然乎? 心之所同然者何也? 谓理也、义也。圣人先得我心之所同然耳。故理义之悦我心,犹刍豢之悦我

口。(《孟子·告子上》)

一方面,"圣人与我同类者";另一方面,"若犬马之与我不同类也"。孟子主要是从"类"来论"性"。孟子以圣人为人类的最高典型,认为圣人的思想感情为"心之所同然"。但是,口有同耆,耳有同听,目有同美,为何独以"心之所同然"为性呢?孟子解释说:

> 口之于味也,目之于色也,耳之于声也,鼻之于臭也,四肢之于安佚也,性也,有命焉,君子不谓性也。仁之于父子也,义之于君臣也,礼之于宾主也,智之于贤者也,圣人之于天道也,命也,有性焉,君子不谓命也。(《孟子·尽心下》)

又说:

> 求则得之,舍则失之,是求有益于得也,求在我者也。求之有道,得之有命,是求无益于得也,求在外者也。(《孟子·尽心上》)

感官欲望的满足,道德修养的提高,都既须主观的努力,又受客观的限制。但是,感性的满足主要依赖于客观的条件,所以不谓之性;道德的提高主要依靠主观的努力,这才是性的内涵。可以说,孟子以人伦道德的自觉能动性为人性。

孟子所谓性主要指"人之所以异于禽兽者"。他说:"人之所以异于禽兽者几希,庶民去之,君子存之。"(《孟子·离娄下》)又说:"人之有道也,饱食暖衣逸居而无教,则近于禽兽。"(《孟子·滕文公上》)保持发展"人之所以异于禽兽者",有待于教育。这"人之所以异于禽兽者"是否生而具有的呢?孟子说:

> 人之所不学而能者,其良能也;所不虑而知者,其良知
> 也。孩提之童,无不知爱其亲者;及其长也,无不知敬其兄
> 也。(《孟子·尽心上》)

不学而能,不虑而知,就是生而具有的了。虽然如此,而孟子论恻
隐之心的主要论证却不是从孩提之童来立论的。他说:

> 人皆有不忍人之心。……所以谓"人皆有不忍人之
> 心"者,今人乍见孺子将入于井,皆有怵惕恻隐之心,非所
> 以内交于孺子之父母也,非所以要誉于乡党朋友也,非恶
> 其声而然也。由是观之,无恻隐之心,非人也;无羞恶之
> 心,非人也;无辞让之心,非人也;无是非之心,非人也。
> (《孟子·公孙丑上》)

这"乍见孺子将入于井"的人应不是孩提之童,而是成年人。由
此可见,孟子论性,主要是从"人皆有之"立论,主要是指"异于禽
兽"的人类共性。

孟子讲"人之所以异于禽兽者",荀子则讲"人之所以为人
者",他说:

> 人之所以为人者何已也? 曰:以其有辨也。饥而欲食,
> 寒而欲暖,劳而欲息,好利而恶害,是人之所生而有也,是无
> 待而然者也,是禹桀之所同也。然则人之所以为人者,非特
> 以二足而无毛也,以其有辨也。……夫禽兽有父子而无父子
> 之亲,有牝牡而无男女之别,故人道莫不有辨,辨莫大于分,
> 分莫大于礼。(《荀子·非相》)

荀子虽然肯定"人之所以为人者",但不认为"人之所以为人者"

是性。他认为,"饥而欲食,寒而欲暖,劳而欲息,好利而恶害"是
"生而有"的,是"无待而然"的,即是性的内容;而"人之所以为人
者"在于"有辨",即有"父子之亲"、"男女之别",这都不是"无待
而然"的。荀子所谓"人之所以为人者"与孟子所谓"人之所以异
于禽兽者",意义相近,但孟子认为这是性,而荀子认为这不是
性,则彼此不同了。

韩愈论性云:"性也者,与生俱生也。……其所以为性者五:
曰仁,曰礼,曰信,曰义,曰智。"(《韩昌黎集·原性》)以"与生俱生"
为性的界说,同于告子;而以仁礼信义智为性的内容,又近于
孟子。

王安石反对韩愈"以仁义礼智信五者谓之性",他说:

> 性者有生之大本也。……夫太极者五行之所由生,而五
> 行非太极也。性者五常之太极也,而五常不可以谓之性,此
> 吾所以异于韩子。(《临川集·原性》)

王安石所谓"有生之大本",意指生活的内在基础,这是王安石关
于性的界说。

程颐提出所谓"极本穷源之性",他说:"若乃孟子之言善者,
乃极本穷源之性。"(《河南程氏遗书》卷三)他认为这性就是理,他
说:"孟子所以独出诸儒者,以能明性也。……性即是理,理则自
尧舜至于涂人一也。"(《河南程氏遗书》卷十八)这理的内容就是仁
义礼智信,他说:

> 自性而行皆善也。圣人因其善也,则为仁义礼智信以名
> 之,以其施之不同也,故为五者以别之,合而言之皆道,别而

> 言之亦皆道也。舍此而行，是悖其性也，是悖其道也。而世
> 人皆言性也道也与五者异，其亦弗学与？其亦未体其性也
> 与？其亦不知道之所存与？(《河南程氏遗书》卷十八)

程颐以理为天地万物的本原，他认为性即是理，即认为性不但是
"有生之大本"，而且是天地万物的最高根源。所谓"世人皆言性
也道也与五者异"，是对于王安石的批评。

孟子所谓性主要是指"人之所以异于禽兽者"，而程颐所谓
"极本穷源之性"则是天地万物的本原，实与孟子不同。程门后
学胡宏说："性也者，天地之所以立也。……性也者，天地鬼神之
奥也。"(《知言》)于是所谓性者不但是一个伦理学的范畴，而且是
一个本体论的范畴了。

朱熹继承程颐，提出关于性的比较明确的界说，他说："性
者，人生所禀之天理也。"(《孟子集注·告子上》)又说："性者，人之
所得于天之理也。"(同上)他更较详细地解释说：

> 性即理也，天以阴阳五行化生万物，气以成形，而理亦赋
> 焉，犹命令也。于是人物之生，因各得其所赋之理，以为健顺
> 五常之德，所谓性也。(《中庸章句》)

在天则为"理"，在人则为"五常之德"，两者是一而二、二而一的，
这也就是程颐所谓"极本穷源之性"的内涵。程、朱把人类本性
与作为世界本原的"理"等同起来。

王夫之接受了"性即理"的命题而加以改造，提出"性者生之
理也"的命题，他说：

> 盖性者生之理也。均是人也，则此与生俱有之理，未尝

或异;故仁义礼智之理,下愚所不能灭,而声色臭味之欲,上智所不能废,俱可谓之为性。(《张子正蒙注》卷三)

又说:

天以其阴阳五行之气生人,理即寓焉而凝之为性。故有声色臭味以厚其生,有仁义礼智以正其德,莫非理之所宜。

(《张子正蒙注》卷三)

王夫之肯定"仁义礼智"是性,但认为"声色臭味之欲"也是性。所谓"性者生之理也",即认为性是人类生活所必须遵循的基本规律。王夫之承认性是"与生俱有"的,但坚持否认本性不变的观点,强调性是不断改变的,他说:

夫性者生理也,日生则日成也。……二气之运,五行之实,始以为胎孕,后以为长养,取精用物,一受于天产地产之精英,无以异也。形日以养,气日以滋,理日以成。……形受以为器,气受以为充,理受以为德。……性也者,岂一受成型,不受损益也哉?(《尚书引义》卷三)

初生即有的属性固然是性,后来养成的属性也是性。这实际上是对于所谓"生之谓性"的否定。

戴震论性,强调人与禽兽的不同,基本上又回到孟子。戴氏说:

性者,分于阴阳五行以为血气心知,品物区以别焉,举凡既生以后所有之事,所具之能,所全之德,咸以是为其本。……气化生人生物以后,各以类滋生久矣,然类之区别,

千古如是也。(《孟子字义疏证》卷中)

又说：

> 人以有礼义，异于禽兽，实人之知觉大远乎物则然，此孟子所谓性善。(《孟子字义疏证》卷中)

戴氏特别强调了"类之区别"，强调人"异于禽兽"的特点，基本上发挥了孟子的观点。

如上所述，中国古典哲学中，许多思想家都讲性，但其所谓性者意义实不相同。总起来说，中国古典哲学中所谓性，主要有四项不同的涵义：(1)"生之谓性"，以生而具有、不学而能的为性。这是告子、荀子的所谓性。(2)以"人之异于禽兽者"为性，虽也讲"不学而能"，但主要注意于人与禽兽不同的特点，这是孟子、戴震的所谓性。(3)以作为世界本原的"理"为性，即所谓"极本穷源之性"，这是程朱学派的所谓性。(4)王夫之提出"性者生之理"，以人类生活必须遵循的规律为性，这规律既包含道德的准则，也包含物质生活的规律。

"生之谓性"虽然是一个简单的命题，却也包含一些复杂的问题。"食色性也"，但食与色还有区别。婴儿生来即能饮食，但"色"欲却是成年时期才出现的。从何证明"色"也是生而具有的呢？这主要是从普遍性来断定的。人到成年之时都有"色"的要求，于是认为"色"是生而具有的本能。这"色"的要求，可以说在幼年时期只是一种"潜能"。人类具有哪些"潜能"呢？孟子说："人之所不学而能者，其良能也；所不虑而知者，其良知也。孩提

之童,无不知爱其亲者;及其长也,无不知敬其兄也。"敬兄是"及
其长也"而后知的,孟子认为也属于"不学而能"的良能。他的理
由也在于普遍性:"无不知敬其兄也"。这里关涉到"性"与"习"
的关系问题。孔子提出性与习的联系与区别,他说:"性相近也,
习相远也。"(《论语·阳货》)应该承认,这是简单的真理。但是,性
习虽有区别,却又相互密切联系。"孩提之童无不知爱其亲者,
及其长也无不知敬其兄也",事实上这些都与习有关,是习惯使
然。伪《古文尚书·太甲》篇有"习与性成"之语,王夫之高度加
以赞扬(《尚书引义》卷三)。性习关系问题确实是人性学说的一个
根本问题。

程颐宣扬所谓"极本穷源之性",其实际意义何在呢? 从他
所谓性的实际内容来看,他所谓性就是仁义礼智,就是地主阶级
的道德。程朱学派实际上是以地主阶级的道德为人类的本性,并
且把它提高为天地万物的本原。

程颐明确指出所谓性不是本能,他尝说:

> 万物皆有良能,如每常禽鸟中做得窠子,极有巧妙处,是
> 他良能,不待学也。人初生只有吃乳一事不是学,其他皆是
> 学。(《河南程氏遗书》卷十九)

这也就是说,仁义礼智虽是性,却不是"不待学"的。程颐所谓
"极本穷源之性",是从孟子所谓"人之所以异于禽兽者"发展而
来的,他所重视的是人的特点而不是与生俱生的本能。

研究中国古典哲学中的人性学说,首先要正确理解各家所谓
性者的不同意义。

二、对于人性概念的剖析

我们今天对于古典哲学中的人性学说进行评论,应以现代对于人性的科学理论为依据。现代哲学中关于人性的科学理论就是马克思主义关于人性的理论。马克思在早年著作《1844 年经济学哲学手稿》中曾提出"人的类特性就是自由的自觉的活动"的命题,他说:

> 一个种的全部特性,种的类特性就在于生命活动的性质,而人的类特性恰恰就是自由的自觉的活动。……动物不把自己同自己的生命活动区别开来。……人则使自己的生命活动本身变成自己的意志和意识的对象。他的生命活动是有意识的。……有意识的生命活动把人同动物的生命活动直接区别开来。(《马克思恩格斯全集》第 42 卷,第 96 页。人民出版社,1979 年版)

这就是说,人类的活动是有意志有意识的,这是人类区别于其它动物的特点。

马克思在《资本论》中亦说:

> 劳动首先是人和自然之间的过程,是人以自身的活动来引起调整和控制人和自然之间的物质变换的过程。……我们要考察的是专属于人的劳动。蜘蛛的活动与织工的活动相似,蜜蜂建筑蜂房的本领使人间的许多建筑师感到惭愧。但是,最蹩脚的建筑师从一开始就比最灵巧的蜜蜂高明的地方,是他在用蜂蜡建筑蜂房以前,已经在自己的头脑中把它

建成了。劳动过程结束时得到的结果,在这个过程开始时就已经在劳动者的表象中存在着,即已经观念地存在着。他不仅使自然物发生形式变化,同时他还在自然物中实现自己的目的,这个目的是他所知道的,是作为规律决定着他的活动的方式和方法的,他必须使他的意志服从这个目的。(《马克思恩格斯全集》第 23 卷,第 201—202 页。人民出版社,1972 年版)

这也就是说,人的劳动是有意识、有目的的,人在劳动过程中具有自我意识。

恩格斯在《自然辩证法》中亦说:

今天整个自然界也溶解在历史中了,而历史和自然史的不同,仅仅在于前者是有自我意识的机体的发展过程。(《马克思恩格斯全集》第 20 卷,第 580 页。人民出版社,1971 年版)

这也是肯定人类的特点是具有自我意识的。

其次,马克思在《1844 年经济学哲学手稿》中强调"个人是社会存在物",他说:

个人是社会存在物。因此,他的生命表现,即使不采取共同的,同其他人一起完成的生命表现这种直接形式,也是社会生活的表现和确证。……作为类意识,人确证自己的现实的社会生活,并且只是在思维中复现自己的现实存在;反之,类存在则在类意识中确证自己。(《马克思恩格斯全集》第 42 卷,第 122—123 页。人民出版社,1979 年版)

人的生活都是现实的社会生活,这也是一个非常深刻的观点。

在《关于费尔巴哈的提纲》中,马克思强调"人的本质是一切

社会关系的总和",他说:

> 费尔巴哈把宗教的本质归结于人的本质。但是,人的本质并不是单个人所固有的抽象物。在其现实性上,它是一切社会关系的总和。

> 费尔巴哈不是对这种现实的本质进行批判,所以他不得不:

> (1)撇开历史的进程,孤立地观察宗教感情,并假定出一种抽象的——孤立的——人类个体;

> (2)所以,他只能把人的本质理解为"类",理解为一种内在的、无声的、把许多个人纯粹自然地联系起来的共同性。(《马克思恩格斯选集》第1卷,第18页。人民出版社,1972年版)

又说:

> 所以,费尔巴哈没有看到,"宗教感情"本身是社会的产物,而他所分析的抽象的个人,实际上是属于一定的社会形式的。(同上书,第18—19页)

又说:

> 旧唯物主义的立脚点是"市民"社会;新唯物主义的立脚点则是人类社会或社会化了的人类。(同上)

马克思对于费尔巴哈的批评也是对于以往所有的人性论的批评。马克思《关于费尔巴哈的提纲》中的这些论点在《德意志意识形态》中又有进一步的发挥。《德意志意识形态》说:

> 人们是自己的观念、思想等等的生产者,但这里所说的

人们是现实的、从事活动的人们,他们受着自己的生产力的一定发展以及与这种发展相适应的交往(直到它的最遥远的形式)的制约。意识在任何时候都只能是被意识到了的存在,而人们的存在就是他们的实际生活过程。……我们的出发点是从事实际活动的人。(同上书,第30页)

这些从事实际活动的人,在阶级社会中,一定从属于一定的阶级。《德意志意识形态》说:

某一阶级的个人所结成的、受他们反对另一阶级的那种共同利益所制约的社会关系,总是构成这样一种集体,而个人只是作为普通的个人隶属于这个集体,只是由于他们还处在本阶级的生存条件下才隶属于这个集体;他们不是作为个人而是作为阶级的成员处于这种社会关系中的。(同上书,第82—83页)

马克思在《〈资本论〉第一卷第一版序言》中说:

我决不用玫瑰色描绘资本家和地主的面貌。不过这里涉及到的人,只是经济范畴的人格化,是一定的阶级关系和利益的承担者。我的观点是:社会经济形态的发展是一种自然历史过程。不管个人在主观上怎样超脱各种关系,他在社会意义上总是这些关系的产物。(《马克思恩格斯选集》第2卷,第207—208页。人民出版社,1972年版)

在阶级社会中,任何个人都是阶级关系和利益的承担者。

社会经济形态是不断发展演变的,个人受社会经济关系的制约,因而人性也是在变化中的。马克思说:

整个历史也无非是人类本性的不断改变而已。(《政治经济学的形而上学》,《哲学的贫困》第二章,《马克思恩格斯选集》第 1 卷,第 138 页。人民出版社,1972 年版)

所谓人类本性不是一成不变的。

以上就是马克思、恩格斯关于人性的主要观点。这些观点可以概括如下:(1)人的特点是有意识有目的的活动;(2)人们的存在就是他们的实际生活过程,人都是从事实际活动的人,人都是属于一定的社会形式的;(3)人的本质,在其现实性上,是一切社会关系的总和;(4)在阶级社会中,人都是一定的阶级关系和利益的承担者;(5)人类历史是人类本性不断改变的过程。这些观点都是关于人性问题的非常重要的科学论断,是我们研究人性问题时必须注意的。

我们现在应讨论四个问题:(1)有没有人类共性?(2)人类共性与阶级性的关系如何?(3)如何理解人性的变化?(4)应如何确定人性概念?人性概念是一个抽象的普遍性还是一个具体的普遍性?

人类有没有共同本性呢?前些年有些论者认为人性就是阶级性,不承认共同本性的存在。事实上,这在理论上是讲不通的。世界上任何物类都有其共性,何独人类没有共性呢?孟子说:"然则犬之性犹牛之性,牛之性犹人之性与?"犬有犬之性,牛有牛之性,如何能说人没有人之性呢?从实际情况来讲,阶级是人类历史上一定阶段才出现的,在阶级出现以前,人类已经历了长期的发展过程。能说在漫长的原始社会时代,人类就没有所谓人性吗?所以,无论从理论或实际来讲,人类有共同本性是必须承认的。

问题是人类共性的内容如何？我认为,马克思在早年著作中所谓"人的类特性恰恰就是自由的自觉的活动","有意识的生命活动把人同动物的生命活动直接区别开来"(《1844年经济学哲学手稿》,《马克思恩格斯全集》第42卷,第96页。人民出版社,1979年版),确实是有深刻意义的。所谓自由的和自觉的,都是在相对意义上讲的。人类的自由和自觉都是有限度的,时至今日,人类对于自身的理解还很不够。但相对于其它动物来说,人类还是有相对的自由和自觉。

在阶级社会中,不同阶级的人们的好恶趋舍是不同的,因而具有不同的阶级性,这确实是彰明较著的事实。但古代思想家对此都无所认识,这也是事实。人类共性与阶级性的关系如何？我们认为,这应是一般(普遍)与特殊的关系。一般、特殊、个别,是三个层次。"共同人性"是"一般","阶级性"是"特殊",每个人的"个性"是"个别"。作为"一般"的人类共性与作为"特殊"的阶级性都可以说是人性的内容。至于个人的"个性"虽也是人性的表现,但不属于普遍性的所谓人性了。

马克思说:"人的本质并不是单个人所固有的抽象物。在其现实性上,它是一切社会关系的总和。"所谓社会关系,在阶级社会,最主要的是阶级关系,然而不仅是阶级关系,还有家庭(父母子女)关系、师友关系、民族关系等等。因而不能把人的本质简单地理解为阶级本质。

马克思批评费尔巴哈"只能把人的本质理解为'类',理解为一种内在的、无声的、把许多个人纯粹自然地联系起来的共同性"。我们认为,这里说他"只能"如此理解,是说如此理解是不够的,并非说如此理解即属错误的。人具有类的共同性,这还是应该承认的。但只承认这个,是很不够的。

应该指出,人类共性的存在乃是阶级性存在的前提,因为同属人类,彼此之间才有阶级矛盾。人与犬马是不可能有阶级矛盾的。阶级矛盾乃是人与人之间的矛盾。

应该承认,一般寓于特殊之中,没有脱离特殊的一般,但确实有存在于特殊之中的一般。在阶级社会,人性寓于阶级性之中,但是决不能否认人类共性的存在。

除了阶级性之外,还有民族性。不同民族有不同的民族性格。民族性常常是一个民族不同阶级共有的性格。一个民族,如其成为一个民族,必具有共同的民族文化、共同的心理。共同文化是一个民族的不同阶级共同创造的文化;共同心理是一个民族的不同阶级共同具有的心理。民族性与阶级性之间更有复杂的关系。

最复杂的问题是关于本能、潜能与习性的问题。动物都有本能,人类必然也有本能,但是人类的本能已经和人为的文明形式结合起来了。告子说:"食色性也。"但是人类满足食色要求的形式已经和其他动物的情况大大不同了。马克思说:"吃喝、性行为等等,固然也是真正的人的机能。但是,如果使这些机能脱离了人的其他活动,并使它们成为最后的唯一的终极目的,那么,在这种抽象中,它们就是动物的机能。"(《马克思恩格斯全集》第42卷,第94页。人民出版社,1979年版)人的食色行为是与人的其他活动结合起来的,与动物的本能不同了。

本能是"与生俱生"的,但本能与幼年以来养成的习惯又相互结合难以判离。人类共性不一定是"与生俱生"的,其所以为共性在于其普遍性。阶级性更非"与生俱生"的,而是在一定环境、一定条件之下养成的。其所以为阶级性在于其具有一定范围内的类型性。凡"与生俱生"的可称为"生性";凡幼年以来经学习而养成的可称为"习性"。"生性"与"习性"二者有一定区别,在实际上都是相互结合而不可判离的。

婴儿生来即能饮食,这是本能。但男女之欲却不是婴儿生来即有的。老子说:"含德之厚,比于赤子……骨弱筋柔而握固,未知牝牡之合而脧作。"(《老子》五十五章)正是表示这一事实。到成年之后,人都有男女之欲,这虽然可称为本能,实际上,在幼儿时期只是一种潜能。孟子说:"孩提之童,无不知爱其亲者;及其长也,无不知敬其兄也。"(《孟子·尽心上》)这"及其长也无不知敬其兄也"是否也是潜能呢?事实上,"孩提之童无不知爱其亲者",也与习惯有关,而"及长敬兄"更是教育的结果。这些都不是"与生俱生"的,而是一定历史时期在正常的情况下正常发展的相对普遍的趋向。在这个意义上,亦可谓之相对的潜能。但是,"及长敬兄"并没有男女之欲那样的普遍性,至少不能列入基本的潜能。

如何理解人性的发展呢?应当指出,所谓人性本来就是在历史过程中形成的。马克思说:"不管是人们的内在本性,或者是人们的对这种本性的意识即他们的理性,向来都是历史的产物。"(《德意志意识形态》,《马克思恩格斯全集》第3卷,第567页。人民出版社,1960年版)人类是通过劳动而诞生的,人性是在人的劳动过程中形成的,人性在形成之后也是随时代的改变而改变的。人性随生产方式的改变而改变。

用哲学名词来说,人性是一个共相,也就是一种普遍性。凡共相或者普遍性都是一个抽象,但是科学的抽象不仅是抽象,而且含有具体的内容。这个,黑格尔称之为"具体的共相"或"具体的普遍性"。马克思论科学的抽象说:

> 生产一般是一个抽象,但是只要它真正把共同点提出来,定下来,免得我们重复,它就是一个合理的抽象。不过,这个一般,或者说,经过比较而抽出来的共同点,本身就是有许多组成部分的、分别有不同规定的东西。其中有些属于一切时代,另一些是几个时代共有的,[有些]规定是最新时代和最古时代共有的。没有它们,任何生产都无从设想;如果说最发达语言的有些规律和规定也是最不发达语言所有的,但是构成语言发展的恰恰是有别于这一般和共同点的差别,那末,对生产一般适用的种种规定所以要抽出来,也正是为了不致因见到统一(主体是人,客体是自然,这总是一样的,这里已经出现了统一)就忘记本质的差别。(《〈政治经济学批判〉导言》,《马克思恩格斯选集》第 2 卷,第 88 页。人民出版社,1972 年版)

马克思这里是论"生产"的概念,但这里所说也适用于其它科学抽象。经过比较而抽出来的共同性,包括许多规定,其中有些是属于一切时代的,有些是几个时代共有的。包含许多规定,这就是指含有具体的内容。马克思在论证"具体"时说:

具体之所以具体,因为它是许多规定的综合,因而是多样性的统一。因此它在思维中表现为综合的过程,表现为结果,而不是表现为起点,虽然它是现实中的起点,因而也是直观和表象的起点。(《〈政治经济学批判〉导言》,《马克思恩格斯选集》第 2 卷,第 103 页。人民出版社,1972 年版)

具体即许多规定的综合,这是直观和表象的起点,在思维中却是综合的结果。

我认为,人性应是一个具体的共相。以往的哲学家大多把人性看作一个抽象的共相,因而提出了许多片面的见解,实际上人性乃是一个具体的共相。具体的共相包含许多规定,是许多规定的综合。人性概念之中,包含人类共性,不同民族的民族性,不同时代不同阶级的阶级性,要之包含人类的共性以及各种类型的特殊性。

依据对于人性的科学理解,就可以对于古代的人性学说进行分析评论了。

三、人性善恶

在中国古典哲学中,关于人性,讨论得最多的是人性善恶问题。关于人性善恶,自战国以来,众说纷纭,主要有:

(1)性善论——孟子,后来宋明理学以及王夫之、颜元、戴震都主张性善论。

(2)性无善无不善论——告子,后来王安石亦主性无善恶。

(3)性恶论——荀子。(晋代仲长敖著《核性赋》,亦主性恶。)

(4)性有善有恶论——世硕。后来董仲舒、扬雄亦主此说。

(5)性三品论——王充、韩愈。

(6)性二元论——张载讲天地之性与气质之性,程颢、程颐讲天命之性与气禀之性,朱熹讲本然之性与气质之性,朱门弟子讲义理之性与气质之性。此说受到王夫之、颜元、戴震的批评。

人性善恶问题是一个复杂问题,各家学说亦各有其曲折隐奥的含义,今略加剖析。

(1)孟子的性善论

孟子"道性善"(《孟子·滕文公上》),认为人都有恻隐之心、羞恶之心、辞让之心、是非之心:"恻隐之心,仁之端也;羞恶之心,义之端也;辞让之心,礼之端也;是非之心,智之端也。"(《孟子·公孙丑上》)于是断言:"仁义礼智,非由外铄我也,我固有之也,弗思耳矣。"(《孟子·告子上》)事实上,他是认为人都有道德意识的萌芽,这萌芽是有待于培养扩充的:"凡有四端于我者,知皆扩而充之,若火之始然,泉之始达。苟能充之,足以保四海;苟不充之,不足以事父母。"(《孟子·公孙丑上》)如不扩充就不足以事父母,可见只是一点萌芽。实际上,孟子关于性善的论证,只是证明性可以为善。孟子也说过:"乃若其情,则可以为善矣,乃所谓善也。"(《孟子·告子上》)以"性可以为善"论证"性善",在逻辑上是不严密的。

但是孟子的性善论确实含有合理的因素。所谓四端之中最主要的是恻隐之心,也就是"不忍人之心":"所以谓'人皆有不忍人之心'者,今人乍见孺子将入于井,皆有怵惕恻隐之心。"(《孟子·公孙丑上》)这所谓不忍人之心,就对于别人的同情心而言,可谓之同类意识。孟子肯定人对于别人有同类意识,这是符合实际的。

孟子以为"仁义礼智,非由外铄我也,我固有之也,弗思耳矣",认为理解性善的关键在于"思"。孟子肯定心有思的作用:"心之官则思,思则得之,不思则不得也。"(《孟子·告子上》)又说:"至于心,独无所同然乎?心之所同然者何也?谓理也,义也。"(同上)能思,则以理义为然。孟子肯定人有思维能力,这在中国哲学史上也有重要意义。孟子关于"思"的命题,用现代的名词来说,即肯定人是有理性的。

孟子宣称"仁义礼智,非由外铄我也,我固有之也",又认为"孩提之童,无不知爱其亲者;及其长也,无不知敬其兄也",是"不学而能"的良能,"不虑而知"的良知。这些都表现了道德先验论的倾向。道德先验论是错误的。但是孟子肯定人都有同类意识,人都有思维能力,这还是有重要理论意义的,是对于人类认识史的贡献。

孟子提出"民为贵"的政治观点,这和他的性善论有必然的联系。性善论是"民贵"思想的理论基础。孟子宣称"人人有贵于己者,弗思耳"(《孟子·告子上》)。这人人都有的"贵于己"者,就在于人的善性。在近代西方思想史上,人道主义和人本主义的思想家也都肯定人性本善。这不是偶然的。马克思在《神圣家族》中说:

> 并不需要多大的聪明就可以看出,关于人性本善和人们智力平等,关于经验、习惯、教育的万能,关于外部环境对人的影响,关于工业的重大意义,关于享乐的合理性等等的唯

物主义学说,同共产主义和社会主义之间有着必然的联系。
(《神圣家族》,《马克思恩格斯全集》第2卷,第166页。人民出版社,
1957年版)

马克思这个判断具有重要的意义。

恩格斯在《路德维希·费尔巴哈和德国古典哲学的终结》中曾引述黑格尔的言论云:

> 人们以为,当他们说人本性是善的这句话时,他们就说出了一种很伟大的思想;但是他们忘记了,当人们说人本性是恶的这句话时,是说出了一种更伟大得多的思想。(《马克思恩格斯选集》第4卷,第233页。人民出版社,1972年版)

事实上,黑格尔这些话是对于基督教"原罪"说的赞扬,对于十八世纪法国唯物论的贬抑。我认为,性善论是比性恶论更伟大的思想,因为性善论在事实上是民主思想的理论基础。

(2)告子的性无善无不善论

告子说:"生之谓性。"又说:"食色性也。"(《孟子·告子上》)告子所谓性指生而具有的本能。告子认为这性是无善无不善的:"性无善无不善也。"(同上)这就是说,生来的本能是无善无不善的。告子的这种观点基本上是正确的。告子的缺点是不重视人与禽兽的区别。告子论性与仁义的关系说:"性犹杞柳也;义犹杯棬也。以人性为仁义,犹以杞柳为杯棬。"(同上)孟子诘问告子说:"子能顺杞柳之性而以为杯棬乎?将戕贼杞柳而后以为杯棬也?如将戕贼杞柳而以为杯棬,则亦将戕贼人以为仁义与?"(同上)孟子这个诘问是有理由的。以杞柳为杯棬,是戕贼了杞柳的

生机而制成的;以人性为仁义却非戕贼人的生机。道德是对于本能的一种改变,却也可以说是本能的一种发展。告子的人性论反对先验道德论是正确的,但没有正确说明人性与道德的关系。

(3)荀子的性恶论

荀子反对孟子的性善论,宣扬性恶。荀子所谓性指"生之所以然者"(《荀子·正名》),所以然即所已然,故说:"凡性者天之就也。"(《荀子·性恶》)"不可学不可事而在人者谓之性。"(同上)性是完全无待于学习的,亦即本能。荀子以为这性是恶的。他说:

> 今人之性,生而有好利焉,顺是,故争夺生而辞让亡焉。生而有疾恶焉,顺是,故残贼生而忠信亡焉。生而有耳目之欲,有好声色焉,顺是,故淫乱生而礼义文理亡焉。(《荀子·性恶》)

这是说,本性的发展必然发生"争夺"、"残贼"、"淫乱"等现象,足证本性是恶的。而"辞让"、"忠信"、"礼义文理"都是本性所无,"古者圣王以人之性恶,以为偏险而不正,悖乱而不治,是以为之起礼义,制法度,以矫饰人之情性而正之,以扰化人之情性而导之也。"(《荀子·性恶》)事实上,"辞让"、"忠信"、"礼义文理"固然不属于自然本能,而所谓"好利"、"疾恶"、"好声色"以及"偏险"、"悖乱"等等,也不是自然本能之所有。"好利"、"疾恶"、"好声色"等等,也都是有待于学、有待于习的。荀子把恶归于性,把善归于习,是不符合实际情况的。

荀子宣扬"性恶",有时陷于自相矛盾,如说:

> 凡人之欲为善者,为性恶也。夫薄愿厚,恶愿美,狭愿

> 广,贱愿富,贱愿贵,苟无之中者,必求于外。……人之欲为
> 善者,为性恶也。今人之性固无礼义,故强学而求有之也。
> (《荀子·性恶》)

"欲为善"就是有向善的要求,有向善的要求正是性善的一种证
明。荀子却说成性恶的证明,这是没有说服力的。

荀子肯定人有向善的可能性,他说:

> "涂之人可以为禹",曷谓也? 曰:凡禹之所以为禹者,
> 以其为仁义法正也。然则仁义法正有可知可能之理,然而涂
> 之人也皆有可以知仁义法正之质,皆有可以能仁义法正之
> 具,然则其可以为禹明矣。……今涂之人者,皆内可以知父
> 子之义,外可以知君臣之正,然则其可以知之质、可以能之
> 具,其在涂之人明矣。(《荀子·性恶》)

人人"皆内可以知父子之义,外可以知君臣之正",正是性善论的
论据,荀子却用来讲性恶,这是因为荀子所谓性指不待学习的现
实本能,不包括任何可能性。这正足以表明,荀子的关于性的界
说过于狭隘了。从自然的本能来说,善有待于学习,恶也有待于
学习;善固非性,恶也非性。但是性恶论亦非全无理由,习恶与习
善有所不同,习善较难,而习恶甚易。荀子指出人们易陷于恶,这
是有事实根据的。

在历史上,性恶论往往是专制主义的理论根据之一。荀子也
说:"故古者圣人以人之性恶,以为偏险而不正,悖乱而不治,故
为之立君上之势以临之,明礼义以化之,起法正以治之,重刑罚以
禁之。"(《荀子·性恶》)性恶论正是建立"君上之势"的一个理由。

战国时期"法家者流"大多不承认"性善",因而强调权势的必要。这中间的逻辑关系还是比较明显的。

荀子的性恶论不被汉、唐、宋、明多数学者所接受,这也不是偶然的。

荀子人性学说的贡献在于他反对道德先验论。荀子认为道德是积思虑而后创立的:"圣人积思虑、习伪故,以生礼义而起法度"。(《荀子·性恶》)他又说:

> 况夫先王之道,仁义之统,《诗》、《书》、礼、乐之分乎?彼固天下之大虑也,将为天下生民之属,长虑顾后而保万世也。(《荀子·荣辱》)

道德仁义是圣人为天下生民的长久利益而创设的。荀子强调圣人之性也与众人一样:"故圣人之所以同于众而不过于众者性也。"(《荀子·性恶》)"尧舜之与桀跖,其性一也。"(同上)圣人与众不同之处在能"积思虑"、"为天下生民之属长虑顾后",所以制定了道德规范。荀子对于道德先验论的反驳是具有重要意义的。

(4)性有善有恶与性三品论

王充《论衡》说:

> 周人世硕,以为人性有善有恶,举人之善性养而致之则善长,恶性养而致之则恶长……宓子贱、漆雕开、公孙尼子之徒,亦论情性,与世子相出入。(《本性》)

世硕的年代应早于荀子,或与孟子同时。董仲舒宣称:"人之诚有贪有仁。仁贪之气两在于身,身之名取诸天,天两有阴阳之施,身亦两有贪仁之性。"(《春秋繁露·深察名号》)这也是性有善有恶之论。董仲舒又区别圣人之性、斗筲之性与中民之性，可以说是后来性三品论的先驱。扬雄提出"人之性也善恶混"的命题(《法言·修身》)，实质上也是性有善有恶论。

王充以为"人性有善有恶，犹人才有高有下也"(《论衡·本性》)。人有高下之分，性有善恶之别。"余固以孟轲言人性善者，中人以上者也；孙卿言人性恶者，中人以下者也；扬雄言人性善恶混者，中人也。"(同上)荀悦明确提出"三品"的名称。他说："或问天命人事，曰有三品焉，上下不移，其中则人事存焉尔。"(《申鉴·杂言》)韩愈也宣扬三品之说："性之品有上中下三：上焉者善焉而已矣，中焉者可导而上下也，下焉者恶焉而已矣。其所以为性者五，曰仁，曰礼，曰信，曰义，曰智。上焉者之于五也，主于一而行于四；中焉者之于五也，一不少有焉，则少反焉，其于四也混；下焉者之于五也，反于一而悖于四。"(《韩昌黎集·原性》)区分上中下三品的标准在于其符合或违反仁义礼智信五德的情况。

世硕的"有善有恶"论可能是对于孟子"性善"论的修正，汉代的有善有恶论和性三品论在实质上都是性善论与性恶论的综合。"有善有恶"论是说每一个人的本性既包含善端，又包含恶端。"性三品"论是说有些人性善，有些人性恶，而多数人在善恶之间。这些观点都是脱离了社会历史的实际而讨论人性的，因而只能是一些模糊不清的议论。在阶级社会中，不同的阶级有不同的善恶标准，其所谓善恶更是不确定的。

世硕所谓性的意义不甚明确。(《汉书·艺文志》著录《世子》二十一篇已佚，无从考定。)他所谓性既包含善性与恶性，可以说包括不同方面的可能性,而是不同的可能性的综合体。韩愈以"与生俱生"为性的界说,而认为上品的性具有仁义礼智信的内涵,即认为上品具有先验的道德意识,下品缺乏先验的道德意识,中品具有一些先验道德意识而不完备,这种观点的疏陋是显然可见的。

(5)性二元论

张载区别了"天地之性"与"气质之性",他说:

> 形而后有气质之性,善反之则天地之性存焉。(《正蒙·诚明》)

气质之性是人既生成形之后才有的,天地之性则是人与天地万物共同的本性。他又说:

> 湛一,气之本;攻取,气之欲。口腹于饮食,鼻舌于臭味,皆攻取之性也,知德者属厌而已。(《正蒙·诚明》)
>
> 人之刚柔、缓急、有才与不才,气之偏也。天本参和不偏。养其气反之本而不偏,则尽性而天矣。(同上)

天地之性即是构成天地万物之气的统一的本性,气质之性即是对于饮食臭味的攻取之性,是人人皆有而参差不齐的。

程颢区别了"人生而静以上"之性与"气禀"之性,他说:

> 人生气禀,理有善恶……有自幼而善,有自幼而恶,是气禀有然也。……盖生之谓性。人生而静以上不容说,才说性时,便已不是性也。(《河南程氏遗书》卷一)

"人生而静",语出《乐记》,《乐记》云:"人生而静,天之性也;感于物而动,性之欲也。"人生而静指初生之时。人生而静以上,指天赋的本性。程颢以为,气禀之性是有善有恶的,天赋的本性则不能说善恶。

程颐区别了"极本穷源之性"与"所禀之性",他说:

> "性相近也",此言所禀之性,不是言性之本;孟子所言,便正言性之本。(《河南程氏遗书》卷十九)
>
> 若乃孟子之言善者,乃极本穷源之性。(同书卷三)

程颐又提出"性即理也"的命题(《河南程氏遗书》卷二十二上),认为极本穷源之性即是理,亦即仁义礼智信。

朱熹采用了张载所谓"天地之性"与"气质之性"的名称,而以程颐的观点加以解释。朱熹说:

> 论天地之性,则专指理言;论气质之性,则以理与气杂而言之。未有此气,已有此性。气有不存,而性却常在。(《朱子语类》卷四)

又说:

> 天之生此人,无不与之以仁义礼智之理,亦何尝有不善?但欲生此物,必须有气,然后此物有以聚而成质;而气之为物,有清浊昏明之不同。(《朱子语类》卷四)

天地之性即是理,气质之性则是理与气的结合。天地之性纯粹至善;气质之性,有清浊昏明之不同,因而有善有恶。

朱熹亦称天地之性为"本然之性",朱熹弟子陈埴称之为"义理之性"。陈埴说:

性者人心所具之天理，以其禀赋之不齐，故先儒分别出来，谓有义理之性，有血气之性。仁义礼智者，义理之性也；知觉运动者，气质之性也。有义理之性而无气质之性，则义理必无附著；有气质之性而无义理之性，则无异于枯槁之物。故有义理以行于血气中，有血气以受义理之体，合理与气而性全。(《宋元学案》卷六十五《木钟学案》引《木钟集》)

陈埴说义理之性是"先儒分别出来"，也可能"义理之性"的名词是朱熹晚年提出的。到明代，"义理之性"的名词比较流行。

张载、朱熹都讲天地之性与气质之性，但为说不同。张载所谓天地之性指气的一般本性，还没有讲天地之性即是理。朱熹所谓天地之性则专指理而言。朱熹所谓天地之性可称为义理之性，张载所谓天地之性还不是义理之性。这也是必须注意的区别。

张载讲所谓"天地之性"，程颐讲所谓"极本穷源之性"，究竟有什么理论意义呢？

张载所谓天地之性，是构成天地万物之气的本性，亦即自然界的普遍本性。孟子以来讲人之性主要是"人之所以异于禽兽者"，而张载所谓天地之性乃是人与天地万物共有的普遍性，不是人与其他物类相异的特点。以自然界的普遍性作为人性，这就混淆了普遍性与特殊性的不同层次。

程颐所谓"性即理也"之性，实即今日人们常讲的理性，即人人具有的道德意识。他所谓"极本穷源之性"，可谓宇宙理性，他把人的理性夸大为世界本原。

把自然界的普遍本性当做人的本性，把人的理性夸大为宇宙理性，这都是把人性玄想化，都表现了人性的极端的抽象化。

然而,所谓天地之性与极本穷源之性的观念,也非毫无意义。这些观念的提出主要是为了探索人性与世界本原的关系,为人性寻求本体论的根据,亦即探求人类道德在宇宙中的位置。这虽然是一个玄想的问题,但是如果本体论在哲学史上有一定的价值,则也应该承认,人性与自然界的普遍本性的关系问题是人与自然的关系问题的一个方面。

四、人性学说的评价

马克思批评费尔巴哈:"他只能把人的本质理解为'类',理解为一种内在的、无声的、把许多个人纯粹自然地联系起来的共同性。"(《关于费尔巴哈的提纲》,《马克思恩格斯选集》第 1 卷,第 18 页。人民出版社,1972 年版)又说:"费尔巴哈……没有从人们现有的社会联系,从那些使人们成为现在这种样子的周围生活条件来观察人们;因此毋庸讳言,费尔巴哈从来没有看到真实存在着的、活动的人,而是停留在抽象的'人'上。"(《费尔巴哈》,《马克思恩格斯选集》第 1 卷,第 50 页。人民出版社,1972 年版)费尔巴哈的这些缺欠,是费尔巴哈以前的思想家所共具有的,这在中国古代思想家尤为显著。但是,能否据此认为中国古代的人性学说都是没有理论价值的呢? 显然不能。我们认为,中国古代关于人性的学说是古代思想家力求达到人的自觉的理论尝试,也就是力求达到关于人的自我认识的理论尝试,虽然没有得出科学的结论,这些尝试在人类认识发展史上还是有重要意义的。

中国古代人性学说的中心问题是人性善恶问题,这个问题有无理论价值呢? 我们认为,人性善恶的问题就是道德起源的问题,亦即善恶的起源的问题,也是具有一定理论价值的。由于各家关于性的界说不同,因而人性善恶的学说或是或非。如果所谓性指生而具有无待学习的本能,那么应该说性是无善无恶的。在这个意义上,告子所谓"性无善无不善也"是正确的。如果所谓性包含那些有待学习而后实现的可能性,那么应该承认性有善有恶。在这个意义上,世硕"性有善有恶"或战国时期"性可以为善,可以为不善"的观点是正确的。孟子专讲性善,陷于一偏,但孟子肯定人都有同类意识,肯定人具有思维能力,都有重要意义。荀子专讲性恶,有自相矛盾之处,他所谓性不包括任何可能性,但他所举出的性的部分内容却又仅仅是一些可能性,因而陷于矛盾。但荀子反对道德先验论,肯定道德是人们"积思虑"而后提出的,确实有重要的理论意义。

马克思主义唯物史观的建立为科学的人性学说奠定了基础。但是不能认为地主阶级思想家和其他剥削阶级思想家关于人性的学说都是谬妄的。人类思想史不是谬误的堆积,而是追求真理的过程。应该承认古代思想家力求达到人的自我认识的尝试的理论价值,对于古代思想家的人性学说应予以实事实是的恰如其分的分析。

第六章　仁爱学说评析

在中国古代的伦理思想中，居于核心地位的，是关于仁爱的学说。"孔子贵仁，墨子贵兼。"(《吕氏春秋·不二》)孔子以仁为最高的原则，墨子以兼爱为最高原则，可以说都是宣扬人类之爱。《老子》说，"我有三宝，持而保之，一曰慈"(《老子》六十七章)，以慈为三宝中的第一。慈可以说是朴素的爱。对于这些人类之爱的学说，应如何看待呢？

毛泽东同志《在延安文艺座谈会上的讲话》中说：

> 世上决没有无缘无故的爱，也没有无缘无故的恨。至于所谓"人类之爱"，自从人类分化成为阶级以后，就没有过这种统一的爱。过去的一切统治阶级喜欢提倡这个东西，许多所谓圣人贤人也喜欢提倡这个东西，但是无论谁都没有真正实行过，因为它在阶级社会里是不可能实行的。真正的人类之爱是会有的，那是在全世界消灭了阶级之后。阶级使社会分化为许多对立体，阶级消灭后，那时就有了整个的人类之

爱,但是现在还没有。(《毛泽东选集》第3卷,第827—828页。人民出版社,1966年版)

在存在着人剥削人、人压迫人的现象的阶级社会里,不可能有真正的人类之爱,不可能有人真正实行过人类之爱,这是一项重要的事实。但是,确实有些思想家提倡人类之爱,这也是事实。

孔墨以后,惠施宣称:"泛爱万物,天地一体也。"不但要爱一切人,而且要爱一切物。汉代以后,儒家学者都以仁为最高的道德。韩愈宣扬"博爱之谓仁"。张载提出"民吾同胞,物吾与也"的著名论断,肯定人与人之间应是兄弟的关系。这种学说在中国历史上有广泛而久远的影响。这些提倡人类之爱的学说有没有实际意义呢? 这是研究中国伦理思想史必须注意的问题。

一、孔子的"仁"与墨子的"兼爱"

"仁"的观念在孔子以前即已有了。《春秋左传》中有下列几条记载:

(1)僖公三十三年:"白季……言诸文公曰:敬,德之聚也,能敬必有德。德以治民,君请用之。臣闻之:出门如宾,承事如祭,仁之则也。"

(2)昭公十二年:"楚子次于乾溪……以及于难。仲尼曰:古也有志,克己复礼,仁也。信善哉! 楚灵王若能如是,岂其辱于乾溪?"

(3)定公四年:"郧公辛……曰:《诗》曰:柔亦不茹,刚亦不吐,不侮矜寡,不畏强御。唯仁者能之。违强陵弱,非勇也。乘人之约，非仁也。"

《国语·晋语》中有如下的记载：

> 优施教骊姬夜半而泣，谓公曰：……吾闻之外人之言曰：为仁与为国不同，为仁者爱亲之谓仁，为国者利国之谓仁。
>
> 重耳告舅犯，舅犯曰：不可！亡人无亲，信仁以为亲。

《大学》亦引舅犯曰："亡人无以为宝，仁亲以为宝。"较《晋语》所记更为明确。

从《春秋左传》、《国语》的记载来看，春秋时期的贵族卿大夫已以"仁"为一个崇高的品德。从"出门如宾，承事如祭，仁之则也"及"古也有志，克己复礼，仁也"看来，仁与礼有密切联系。遵礼而行是仁的主要表现。从《国语·晋语》所谓"为仁者爱亲之谓仁，为国者利国之谓仁"看来，当时所谓仁已有不同的涵义。有人以"爱亲"为仁，有人以"利国"为仁。《国语》的记载，文词冗长，不可能是实录，但也反映了一定时期的情况。舅犯所谓"仁亲"不是爱亲之意，而是亲密团结的意思。

孔子把"仁"提高为最重要的道德原则。《论语》中关于弟子问仁的记载很多，孔子所答，因人而异，各不相同。我们可以这样说：孔子所谓仁的涵义具有不同的层次，有较深层次的涵义，有较浅层次的涵义。孔子答复弟子问仁，有时讲出较深的涵义，有时只讲较浅的涵义。《论语》中关于问仁的记载，重要的有以下几条：

（1）子贡曰：如有博施于民而能济众，何如？可谓仁乎？

子曰：何事于仁，必也圣乎！尧舜其犹病诸！夫仁者，己欲立

而立人,己欲达而达人。能近取譬,可谓仁之方也已。(《论语·雍也》)

(2)颜渊问仁,子曰:克己复礼为仁。一日克己复礼,天下归仁焉。为仁由己,而由人乎哉? 颜渊曰:请问其目。子曰:非礼勿视,非礼勿听,非礼勿言,非礼勿动。(《论语·颜渊》)

(3)仲弓问仁,子曰:出门如见大宾,使民如承大祭。己所不欲,勿施于人。在邦无怨,在家无怨。(同上)

(4)司马牛问仁,子曰:仁者其言也讱。曰:其言也讱,斯谓之仁已乎? 子曰:为之难,言之得无讱乎? (同上)

(5)樊迟问仁,子曰:爱人。(同上)

在这些条文中,"克己复礼"、"出门如见大宾,使民如承大祭",都是引用前人成语,具见《左传》所载。"己欲立而立人,己欲达而达人"、"爱人"是孔子自己提出的。"爱人"二字比较简要,"己欲立而立人,己欲达而达人"可以说是"爱人"的具体规定。"仁者其言也讱"是仁的较浅的涵义。《论语》又有一条云:"樊迟……问仁,曰:仁者先难而后获,可谓仁矣。"(《论语·雍也》)"先难而后获"与"其言也讱"义近,都是仁的较低层次的意义。

最值得注意的是"子贡问"一条,子贡问"博施于民而能济众"是否仁德,孔子回答说,这是"圣"的境界,已超过"仁"的境界了。孔子随即讲出了仁的意义,即"己欲立而立人,己欲达而达人"。从这段问答中,应该肯定,"己欲立而立人,己欲达而达人",是仁的最主要的涵义。《论语》又载:"宪问……克伐怨欲不行焉,可以为仁矣? 子曰:可以为难矣,仁则吾不知也。"(《论语·

宪问》)这是说"克伐怨欲不行"还没有达到仁的标准。"博施于民而能济众"是超过了仁;"克伐怨欲不行"还没有达到仁。而仁的主旨是"爱人",亦即"己欲立而立人,己欲达而达人"。

"仁"是关于人我关系的准则,仁的出发点应是承认别人也是人,别人是与自己一样的人。这个出发点,孔子虽然没有明确说出,却是"爱人"、"立人"、"达人"的前提。孔子曾说:"性相近也,习相远也。"(《论语·阳货》)承认人与人的本性是相近的,即承认人与人是同类。孔子针对隐者长沮、桀溺的批评而慨叹说:"鸟兽不可与同群,吾非斯人之徒与而谁与?"(《论语·微子》)也是表示,人与人是同类,而与鸟兽不是同类。孔子说:"能近取譬,可谓仁之方也已。""能近取譬"即推己及人。推己及人的前提即承认别人也是人。孔子肯定人人都有自己的意志,他说:"三军可夺帅也,匹夫不可夺志也。"(《论语·子罕》)承认别人也是"人",即承认别人也有独立的意志,亦即肯定人人都有独立的人格。承认人人都有独立的人格,这是孔子仁说的核心涵义。

这里还有一个重要问题,即孔子所谓"爱人"、"立人"、"达人"的"人",究竟何所指呢?是指一般的人,还仅仅指贵族或自由民呢?前些年有一种说法,认为《论语》中"人"与"民"之间有严格的区别。孔子曾说:"道千乘之国,敬事而信,节用而爱人,使民以时。"(《论语·学而》)于是有人认为在《论语》中,人是"爱"的对象,民是"使"的对象。爱人决非爱民。民指奴隶,人指贵族。事实上,这种见解是不能成立的,并无充足的理由。《论语》曾说:"惠则足以使人。"(《论语·阳货》)又说:"君子学道则爱人,小人学道则易使也。"(同上)人也是使的对象,小人虽非君子而也是人。而且,孔子赞扬"博施于民而能济众",民何尝不是爱的对象?而且在《诗经》、《左传》中,"人"字、"民"字一般都是泛称,《论语》何独例外?所以,孔子所谓"爱人"、"立人"、"达人","人"字都是泛称,并非专指贵族。

在名义上,孔子讲"爱人",是爱一切人,孔子又说过"泛爱众"(《论语·学而》),所谓仁是人类之爱。在实际上,孔子却是区分了贵贱等级。据《左传》昭公二十九年记载,孔子批评晋铸刑鼎说:"贵贱不愆,所谓度也。……贵贱无序,何以为国?"一方面宣扬"爱人",一方面又强调"贵贱不愆"。这里表现了明显的阶级性。这一点,孔子的继承者孟子更为显著。孟子宣扬"亲亲而仁民,仁民而爱物"(《孟子·尽心上》),又强调"无君子莫治野人,无野人莫养君子"(《孟子·滕文公上》),"或劳心,或劳力。劳心者治人,劳力者治于人;治于人者食人,治人者食于人,天下之通义也"(同上)。一方面宣扬"爱人"、"仁民",另一方面又要维护等级和阶级的区分。这是儒家关于人类之爱的观念所包含的内在矛盾。这也就证明,在阶级社会中,所谓人类之爱历来就没有真正实行过。

实际上,所谓"爱人",只是在维护阶级统治的条件下对于人民施行一定程度的宽惠。《论语》云:

> 子张问仁于孔子,孔子曰:能行五者于天下,为仁矣。请问之,曰:恭宽信敏惠。恭则不侮,宽则得众,信则人任焉,敏则有功,惠则足以使人。(《论语·阳货》)

这是仁德在政治上的运用,也就是所谓仁政。孟子是大力鼓吹仁

政的,他们所谓仁政的主要内容是:

> 王如施仁政于民,省刑罚,薄税敛,深耕易耨,壮者以暇日修其孝悌忠信,入以事其父兄,出以事其长上。(《孟子·梁惠王上》)

> 明君制民之产,必使仰足以事父母,俯足以畜妻子,乐岁终身饱,凶年免于死亡。(同上)

所谓仁政的实际意义是减轻对于人民的剥削和压迫,等级制度还是要维持的,剥削与压迫还是要存在的,但是不要超过一定的限度。这种要求减轻对于人民的剥削和压迫的仁政思想,在历史上会起什么作用呢? 在革命高潮时期,这种思想可能起麻痹人民斗争意志的作用;在和平发展时期,这种思想可能起保护劳动力、维持人民的正常生活的积极作用。这都以历史时期的实际条件为转移。

儒家仁爱学说的特点是由己推人、由近及远。孟子说:"老吾老,以及人之老;幼吾幼,以及人之幼。"(《孟子·梁惠王上》)这是儒家的原则。因此,儒家强调孝悌是仁的基础。孔子弟子有若说:"君子务本,本立而道生。孝悌也者,其为仁之本与!"(《论语·学而》)孟子说:"孩提之童,无不知爱其亲者;及其长也,无不知敬其兄也。亲亲,仁也;敬长,义也。无他,达之天下也。"(《孟子·尽心上》)仁是亲亲的扩大;义是敬长的扩大。儒家以仁为最高的道德,以孝悌为基本的道德。

墨子宣扬兼爱,兼爱是不别亲疏、不分远近的普遍的爱。《孟子》书中记述墨者夷子的言论云:"爱无差等。"(《孟子·滕文公上》）兼爱即是无差等之爱。墨子兼爱的原则是："视人之国，若视其国；视人之家，若视其家；视人之身，若视其身。"（《墨子·兼爱中》）简言之，即视人如己。兼爱就是爱一切人。如何实行这爱一切人的原则呢？墨家的办法就是积极努力为天下人民兴利除害。墨子说："凡言凡动，利于天鬼百姓者为之；凡言凡动，害于天鬼百姓者舍之。"（《墨子·贵义》）孟子评论墨了说："墨了兼爱，摩顶放踵利天下为之。"（《孟子·尽心上》）《庄子·天下》篇亦论述墨家的言行说："以绳墨自矫，而备世之急。……墨子泛爱兼利而非斗……日夜不休，以自苦为极。"墨家的行动充分体现了积极救世的崇高精神。

但是墨子的兼爱学说并没有提出废除等级差别的要求。兼爱的理想境界是："天下之人皆相爱，强不执弱，众不劫寡，富不侮贫，贵不敖贱，诈不欺愚。"（《墨子·兼爱中》）贫富贵贱的区别还是存在的，不过不相欺凌、和平共处而已。墨子虽然在政治上主张"官无常贵，而民无终贱"（《墨子·尚贤上》），但没有主张消除贵贱的区分。所以，在事实上，墨子的兼爱学说也是不彻底的。

二、道家对于儒、墨"仁爱"学说的批评

在先秦时代，对于贵贱等级制度提出批评和抗议的是道家。道家反对儒、墨的仁爱学说。《老子》书中有菲薄仁义的言论，如十八章："大道废，有仁义；慧智出，有大伪。"又十九章："绝圣弃智，民利百倍；绝仁弃义，民复孝慈。"这些文句以"仁义"并举，在时间上不可能出现于春秋时期。在春秋时期，孔子未尝以"仁义"并举。所以这些文句不可能是与孔子同时的老聃所说。如

果《老子》一书保存了与孔子同时的老聃的遗说,那末,这些文句应是老聃的后学附益的。《老子》书中所推崇的品德是慈。六十七章:"我有三宝,持而保之,一曰慈,二曰俭,三曰不敢为天下先。慈故能勇,俭故能广,不敢为天下先,故能成器长。今舍慈且勇,舍俭且广,舍后且先,死矣! 夫慈,以战则胜,以守则固,天将救之,以慈卫之。"这一章的思想可能出现于春秋时期。慈本来是父母对于子女的感情,是一种比较纯朴自然的品德。

《庄子》内篇提出"大仁不仁"(《庄子·齐物论》)的观点,更以鱼来比喻说:"泉涸,鱼相与处于陆,相呴以湿,相濡以沫,不如相忘于江湖。"(《庄子·大宗师》)鱼相呴以湿,相濡以沫,比喻勉力于仁爱,实则不如无忧无虑,彼此相忘,"鱼相忘乎江湖,人相忘乎道术"(同上)。

《庄子》内篇的这些观点在《庄子》外杂篇中有进一步的发挥,如说:

> 蹍市人之足,则辞以放骜,兄则以妪,大亲则已矣。故曰:……至仁无亲。(《庄子·庚桑楚》)
> 圣人之爱人也,人与之名,不告则不知其爱人也。若知之,若不知之;若闻之,若不闻之;其爱人也终无已,人之安之亦无已。(《庄子·则阳》)

这就是认为,自然的朴素的亲密无间的感情才是可贵的。道家推崇自发性,反对自觉性。

《庄子》外杂篇猛烈抨击儒家的仁义,如云:

> 夫至德之世,同与禽兽居,族与万物并,恶乎知君子小人

哉？同乎无知，其德不离；同乎无欲，是谓素朴。素朴而民性得矣。……道德不废，安取仁义？（《庄子·马蹄》）

爱民，害民之始也……君虽为仁义，几且伪哉！（《庄子·徐无鬼》）

爱利出乎仁义，捐仁义者寡，利仁义者众，夫仁义之行，唯且无诚，且假乎禽贪者器。……夫尧知贤人之利天下也，而不知其贼天下也。（同上）

《庄子》对于仁爱的评论，主要是指出所谓仁爱的相对性，指出所谓仁义只是区分君子小人的条件下的仁义，而仁义可能被人所利用、假借仁义来做有害于人民的事情。《庄子》的这些对于仁爱品德的批判，具有深刻的意义。

但是，道家不能提出代替仁义的准则来。"泉涸，鱼相与处于陆，相呴以湿，相濡以沫，不如相忘于江湖。"但是如何才能回到江湖呢？仁义可能被利用，"捐仁义者寡，利仁义者众"，有什么绝无流弊、不会被利用的方法呢？道家提不出来，也不可能提出来。因此，儒家的仁爱学说在中国伦理学史上仍居于主导地位。

反对仁爱的还有法家。韩非认为治国之道在于严刑峻法，仁爱是无效的。他说：

今有不才之子，父母怒之弗为改，乡人谯之弗为动，师长教之弗为变。夫以父母之爱，乡人之行，师长之智，三美加焉而终不动，其胫毛不改。州部之吏，操官兵、推公法而求索奸人，然后恐惧，变其节、易其行矣。故父母之爱不足以教子，

必待州部之严刑者,民固骄于爱、听于威矣。(《韩非子·五蠹》)

夫严家无悍虏,而慈母有败子,吾以此知威势之可以禁暴,而德厚之不足以止乱也。(《韩非子·显学》)

夫施与贫困者,此世之所谓仁义;哀怜百姓不忍诛罚者,此世之所谓惠爱也。夫施与贫困,则无功者得赏;不忍诛罚,则暴乱者不止。……吾以是明仁义爱惠之不足用,而严刑重罚之可以治国也。(《韩非子·奸劫弑臣》)

韩非所举的情况都是事实,仅靠仁爱不足以禁暴止乱;但是仅靠严刑重罚也是不能治国的。秦始皇采用韩非的法术,吞并了六国;但是仅传至二世,就被农民起义所推翻。汉初贾谊在《过秦论》中总结秦亡的教训说:"仁义不施,攻守之势异也。"于是儒家的仁爱学说又恢复了权威。

三、"博爱"与"民胞物与"

汉唐宋明的儒者都以"仁"为道德的最高原则。汉唐宋明时代关于仁的议论很多,可以韩愈和张载的学说为主要代表。韩愈在《原道》中提出了关于仁的新界说:"博爱之谓仁。"博爱即广泛的爱,爱一切人。张载在《西铭》中提出"民吾同胞,物吾与也"的著名命题,认为人与人的关系应是兄弟关系,韩愈、张载的这些言论对于当时和后世起了深远的影响。

韩愈《原道》宣称"博爱之谓仁,行而宜之之谓义"就是尧舜以来以至周公、孔子相传之道。仁义的表现何在?韩愈说:"古之时,人之害多矣,有圣人者立,然后教之以相生养之道。"以相生养之道教导人民，这就是仁的实际表现。韩愈更论君民的关系云："君者出令者也；臣者行君之令而致之民者也；民者出粟米麻丝、作器皿、通货财，以事其上者也。君不出令，则失其所以为君；臣不行君之令而致之民，则失其所以为臣；民不出粟米麻丝、作器皿、通货财以事其上，则诛。"人民为统治者提供粟米麻丝器皿，即为统治者服务，则相安无事；如果人民不向统治者提供粟米麻丝器皿，则要加以诛戮。至此，统治者的狰狞面目就暴露出来了。这就表明，韩愈所谓博爱以人民对于统治者的服从为条件。这所谓博爱是相对的，含有一定的虚伪性。

张载《西铭》首先肯定天地之间所有的人都是兄弟："乾称父，坤称母，予兹藐焉，乃混然中处。……民吾同胞，物吾与也。大君者吾父母宗子，其大臣宗子之家相也。尊高年，所以长其长；慈孤弱，所以幼吾幼。圣其合德，贤其秀也。凡天下疲癃残疾、茕独鳏寡，皆吾兄弟之颠连而无告者也。于时保之，子之翼也。"上自大君，下至残废穷苦的人，都是兄弟关系。往古传统，以为帝王是天之子，是人民的父母，地方官吏也称为民之父母。《西铭》则认为只有天地是人民的父母，帝王以至受苦的残病者都只是同胞兄弟的关系。在天地面前，人人是兄弟。这虽然只是空论，但总算前进了一步。虽然如此，张载还是承认贵贱区分是合理的。《西铭》云："富贵福泽，将厚吾之生也；贫贱忧戚，庸玉汝于成也。"富贵是天地的恩赐，贫贱是天地对于你的锻炼，这些都是父天母地的合理安排。兄弟之间可以存在实际的不平等。

韩愈的"博爱"、张载的"民吾同胞"都是阶级社会中的有阶级性的道德原则，都不可能是真正的人类之爱。这类学说是否全无实际意义呢？那又不然。这类仁爱学说都是反对贪暴苛虐的，反对贪官污吏、反对虐待人民、反对苛政，要求减轻对于劳动人民的剥削压迫。在这个意义上，这些仁爱学说，作为开明士大夫的舆论，对于人民还是有益的。韩愈任潮州刺史时，曾询问吏民疾苦，力行一些惠政。潮州人民追念韩文公，至今不衰。现在潮州人民还在纪念韩愈。张载虽然承认贵贱的区分，力图设法解决"贫富不均"的问题，固然仅仅是空想，但也确实表现了进行改革的真诚愿望。

中国古代流传着"苛政猛于虎"的故事。《礼记·檀弓》云：

> 孔子过泰山侧，有妇人哭于墓者而哀，夫子式而听之，使子路问之：子之哭也，壹似重有忧也。而曰：然。昔者吾舅死于虎，吾夫又死焉，今吾子又死焉！夫子曰：何为不去也？曰：无苛政。夫子曰：小子识之，苛政猛于虎也。

这个故事是否孔子的真实故事，现已无从考定，但是表述了儒家的基本观点，这是确定无疑的。儒家的仁爱学说，在政治上的运用就是反对苛政。这种反对苛政的思想言论对于劳动人民是有一定益处的。在封建时代，有一些清官，受到人民的赞扬。这些清官并不是站在人民立场上，实际上不过是遵从儒家的仁爱学说反对苛政。这也足以证明，仁爱思想在历史上还是具有一定的积极意义的。

在近代西方，费尔巴哈是宣扬"爱"的。恩格斯在《路德维希·费尔巴哈和德国古典哲学的终结》中说：

> 真的，在费尔巴哈那里，爱随时随地都是一个创造奇迹

的神,可以帮助他克服实际生活中的一切困难——而且这是在一个分成利益直接对立的阶级的社会里,这样一来,他的哲学中的最后一点革命性也消失了,留下的只是一个老调子:彼此相爱吧!(《马克思恩格斯选集》第4卷,第236页。人民出版社,1957年版)

在阶级社会中讲爱,确实不是革命的理论。在马克思、恩格斯的早年著作《神圣家族》中,对于费尔巴哈有过较高的评价:

> 费尔巴哈在理论方面体现了和人道主义相吻合的唯物主义,而法国和英国的社会主义和共产主义则在实践方面体现了这种唯物主义。(《马克思恩格斯全集》第2卷,第160页。人民出版社,1957年版)

据此,费尔巴哈的伦理学说可称为一种人道主义。

人道主义是近代西方资产阶级思想家提出来的,在历史上曾经起过一定的进步作用。在社会主义社会,我们要提倡的是社会主义的人道主义。人道主义是否仅有资产阶级人道主义与社会主义人道主义两种呢?我看不必然。古代的仁爱学说似乎可以称之为古代人道主义。孔子、墨子、韩愈、张载以至于王夫之、戴震的伦理学说,都可以说是古代人道主义。这种人道主义不是革命的理论,但也不是反动的思想。这种学说批判暴虐的苛政,作为一种舆论,还是有一定的积极意义。

第七章　评"义利"之辨与"理欲"之辨

　　"义利"问题和"理欲"问题都是中国伦理学史上的重要问题。在先秦时代,儒墨两家关于义利问题提出了相互对立的观点。在宋明时代,理学家与反对理学的思想家关于理欲问题展开了激烈的辩论。义利、理欲的问题包含复杂的内容,其中包括个人利益与社会整体利益、阶级利益与民族利益的关系,道德理想与物质利益的关系,精神生活与物质生活的关系,以及人生价值等等问题。对于这些问题必须进行深入的分析。

一、"义利"问题的演变

　　孔子区别了义与利,他说:"君子喻于义,小人喻于利。"(《论语·里仁》)他把义与利对立起来。他所谓义指行为必须遵循的原则;他所谓利指个人的私利。他说过:"放于利而行,多怨。"(同上)这所谓利显然是指私利而言。但是孔子并不完全排斥利,曾经提出"因民之所利而利之"的政治主张(《论语·尧曰》),他所强调的是"见得思义"(《论语·季氏》)。他所反对的是见利忘义。"民之所利"是应该重视的;在个人利益与道德原则发生矛盾之时应该服从道德原则。

孟子继承孔子,更强调义与利的对立。孟子回答梁惠王"亦将有以利吾国乎"的问题时说:

> 王何必曰利?亦有仁义而已矣。王曰何以利吾国,大夫曰何以利吾家,士庶人曰何以利吾身,上下交征利,而国危矣!万乘之国,弑其君者必千乘之家;千乘之国,弑其君者必百乘之家。万取千焉,千取百焉,不为不多矣。苟为后义而先利,不夺不餍。(《孟子·梁惠王上》)

这是认为,从利来讲,国君之利与大夫之利、士庶人之利,是彼此相互矛盾的。上下都追求自己的利益,必然会发生篡弑,这是非常危险的。孟子所谓利也是指私利而言。

荀子亦反对后义而先利,他说:"先义而后利者荣,先利而后义者辱。"(《荀子·荣辱》)又说:

> 义与利者,人之所两有也,虽尧舜不能去民之欲利,然而能使其欲利不克其好义也。虽桀纣亦不能去民之好义,然而能使其好义不胜其欲利也。故义胜利者为治世,利克义者为乱世。(《荀子·大略》)

荀子认为任何人都不可能不考虑个人的利益,然而应该使关于个人利益的考虑服从道德原则的指导。

与儒家相反,墨家认为义与利不是对立的,而是统一的。《墨经上》云:"义,利也。"《经说上》云:"义,志以天下为芬,而能能利之,不必用。"义即是利。墨家所谓利是"国家百姓人民之利"(《墨子·非命上》),是公共利益,而非个人私利。墨子不考虑个人的私利,他反对"子亏父而自利","臣亏君而自利","父亏子而自利","君亏臣以自利"(《墨子·兼爱上》),宣称:"仁人之所以为事者,必兴天下之利,除去天下之害,以此为事者也。"(《墨子·兼爱中》)墨家把道德原则与天下之利统一起来。儒墨都反对私利,这是一致的。儒墨的区别在于,墨家认为道德的最高原则就是公利,儒家则认为道德原则不仅是公利,而且是高于公利的。

道家对义与利的态度又与儒墨两家不同,既不看重利,也不推崇义,以为所谓"圣人"、"至人"一方面"忘年忘义"(《庄子·齐物论》),一方面也"不就利、不违害"(同上),而超脱了关于义利的考虑。实际上,这是一种自我陶醉的幻想。

汉代董仲舒提出关于义利问题的两句名言,关于这两句名言,《汉书·董仲舒传》的记载与《春秋繁露》所载不尽相同。《春秋繁露》的《对胶西王越大夫不得为仁》篇云:"仁人者,正其道不谋其利,修其理不急其功。"《汉书》则说是对江都王问,其辞为:"夫仁者,正其谊不谋其利,明其道不计其功。"这两个记载中,"不谋其利"一句是相同的。这所谓利,指私利而言。董仲舒区分了公利与私利,在他的著作中曾经赞扬"圣人之为天下兴利也"(《春秋繁露·考功名》)。他所反对的是个人的私利。经过《汉书》的宣扬,"正其谊不谋其利,明其道不计其功"二语对后世发生了深远的影响。

宋代李觏提出了对于孟子"何必曰利"的异议,李觏说:"利可言乎? 曰:人非利不生,曷为不可言? ……孟子谓何必曰利,激也,焉有仁义而不利者乎?"(《李直讲集·原文》)他肯定了利的重要。

程颢强调"义利"之辨,他说:"大凡出义则入利,出利则入义,天下之事惟义利而已。"(《河南程氏遗书》卷十一)程颐以为义利即是公私之别。他说:"义与利只是个公与私也。才出义,便以利言也。"(《河南程氏遗书》卷十七)二程认为义利是不相容的。朱熹说:"义利之说乃儒者第一义。"(《朱子大全集·与延平李先生书》)陆九渊说:"凡欲为学,当先识义利公私之辨。今所学果为何事?人生天地间,为人自当尽人道,学者所以为学,学为人而已,非有为也。"(《陆九渊集·语录下》)二程、朱、陆都严格区分了义与利。

叶适不同意所谓义利之辨,他批评董仲舒的言论说:

> 仁人正谊不谋利,明道不计功,此语初看极好,细看全疏阔。古人以利与人,而不自居其功,故道义光明。后世儒者行仲舒之论,既无功利,则道义者乃无用之虚语耳。(《习学记言》卷二十三)

叶适指出,道义是不能脱离功利的,为人谋利便是道义。

颜元肯定义利的统一,他说:

> 世有耕种而不谋收获者乎?世有荷网持钩而不计得鱼者乎?……这不谋不计两"不"字,便是老无释空之根。……盖正谊便谋利,明道便计功,是欲速,是助长;全不谋利计功,是空寂,是腐儒。(《颜习斋言行录》卷下)

颜元对于董仲舒的两句话提出修改意见,他改为:"正其谊以谋其利,明其道而计其功。"(《四书正误》卷一)他把道义与功利相互结合起来。

以上是历代思想家关于义利问题争论的大略。其中含有许多复杂的问题,以下试加以解析。

二、个人利益与社会整体利益

孔子宣称"君子义以为上"(《论语·阳货》),但对于所谓义的意义未作解释。孟子对所谓义作过较多的说明。孟子说:

> 亲亲,仁也。敬长,义也。无他,达之天下也。(《孟子·尽心上》)
>
> 杀一无罪,非仁也。非其有而取之,非义也。(同上)
>
> 人皆有所不为,达之于其所为,义也。……人能充无穿窬之心,而义不可胜用也。(《孟子·尽心下》)

敬长即敬其所当敬者,"无穿窬之心",不取非其所有,即尊重人们的所有权。可以说,孟子所谓义含有尊重人们的社会地位、尊重人们的所有权,亦即尊重社会的一定秩序的意义。孟子强调"上下交征利而国危矣",即认为各人图谋私利必然要破坏正常的社会秩序。

《周易·系辞传》云:"理财正辞、禁民为非曰义。"(荀爽注:"尊卑贵贱,衣食有差,谓之理财;名实相应,万事得正,谓之正辞;咸得其宜,故谓之义也。"(《周易集解》引))这比较明确地表现了儒家所谓义的阶级性。

董仲舒强调"以义正我",他说:

> 《春秋》之所治,人与我也。所以治人与我者,仁与义

也。……仁之法,在爱人,不在爱我。义之法,在正我,不在
正人。我不自正,虽能正人,弗予为义。(《春秋繁露·仁义
法》)

董仲舒强调自我裁制的必要,这是警告统治阶级必须尊重当时的
社会秩序。

儒家重义轻利,主要是告诫人们不要为了个人的私利而破坏
社会的秩序。这是稳定社会秩序的思想。

这种稳定社会秩序的思想,符合于统治阶级的利益,但在一
定条件下,也符合于社会整体利益。

社会整体利益即社会的公共利益。统治阶级经常把统治阶
级的利益冒充为社会的公共利益。黄宗羲在《明夷待访录》中曾
经指责专制的君主"以我之大私为天下之大公"(《明夷待访录·原
君》)。黄宗羲的这一对于传统思想的揭露是非常深刻的。宋明
理学的所谓义利之辨,确实具有维护当时的统治秩序的作用。但
是也应看到,即令在阶级社会,除了各阶级的相互敌对的阶级利
益之外,也还存在一些公共利益,例如抵抗外来侵略,开发自然资
源。为了维持社会的继续存在不致在各阶级的相互斗争中同归
于尽,确实存在着一些共同的利益。儒家所重视的就是这类的社
会整体利益。这是儒家尚义学说的一项重要意义。

历代爱国志士,或慷慨捐躯,或从容就义,为了民族大义,不
惜自我牺牲。他们所追求的是社会的公共利益,既非个人利益,
亦非统治者的私利。在和平时期,致力于发展学术文化,或不畏
权势而尽心尽力与不良势力而进行斗争的人,也都体现了谋求社
会整体利益的精神。

如上所述,古代儒家所谓义,有时指社会的整体利益,有时指以社会整体利益为名义的统治阶级基本利益。但是,儒家所谓义还有一项更重要的意义,即坚持精神需要、实现精神价值。详下。

三、精神需要与物质需要

义利问题不仅是公利与私利的问题,而且包含道德理想与物质利益之关系的问题。人不仅具有维护身体健康的物质需要,而且还有提高人格价值的精神需要。《礼记·檀弓》记载一个故事:

> 齐大饥,黔敖为食于路,以待饿者而食之。有饿者蒙袂辑屦,贸贸然来。黔敖左奉食,右执饮,曰:嗟,来食! 扬其目而视之曰:予唯不食嗟来之食以至于斯也! 从而谢焉,终不食而死。曾子闻之曰:微与! 其嗟也可去,其谢也可食。

这是不食嗟来之食的故事。饿者不食嗟来之食,意在保持人格的尊严。

孟子说:"人能充无受尔汝之实,无所往而不为义也。"(《孟子·尽心下》)"无受尔汝"亦即保持人格的尊严,孟子以为这也是义的要求。孟子提出"生"与"义"的关系问题,他说:

> 生亦我所欲也,义亦我所欲也,二者不可得兼,舍生而取义者也。生亦我所欲,所欲有甚于生者,故不为苟得也;死亦我所恶,所恶有甚于死者,故患有所不辟也。……是故所欲有甚于生者,所恶有甚于死者,非独贤者有是心也,人皆有之,贤者能勿丧耳。一箪食,一豆羹,得之则生,弗得则死。

嘑尔而与之,行道之人弗受;蹴尔而与之,乞人不屑也。万钟
则不辨礼义而受之。万钟于我何加焉?……是亦不可以已
乎!(《孟子·告子上》)

孟子这段话可谓涵义精湛、深切著明,发人深省。"生亦我所
欲",用现在的名词说,可谓物质生活的需要;"义亦我所欲",用
现在的名词来说,可谓精神生活的需要。孟子以为精神生活的价
值高于物质生活的价值,故二者不可得兼之时,宁舍生而取义。
这所谓义即是坚持人格的尊严,实现精神的价值。所谓义不仅是
坚持自己的人格尊严,而且要尊重别人的人格尊严。孟子高度赞
扬精神生活的价值的观点对于中国传统的精神文明的发展有深
远的影响。

董仲舒亦肯定精神生活的价值高于物质生活,他说:

天之生人也,使人生义与利。利以养其体,义以养其心。
心不得义不能乐,体不得利不能安。义者心之养也,利者体
之养也。……夫人有义者,虽贫能自乐也;而大无义者,虽富
莫能自存。吾以此实义之养生人大于利而厚于财也。(《春
秋繁露·身之养莫重于义》)

物质利益是身体所必需,道义是精神所必需。二者相比,精神的
快乐具有更高的价值。

孟子肯定"生亦我所欲",没有否认物质生活的重要。董仲
舒亦承认"体不得利不能安",虽然反对图谋私利,并没有否认身
体营养的作用。孟子和董仲舒肯定精神生活的价值,并没有排弃
物质生活。孟子和董仲舒的缺点是没有明确区分"公利"与"私

利"。孟子笼统地讲"何必曰利",董仲舒笼统地讲"不谋其利",不甚重视如何解决实际利益的问题。宋明理学家更专门强调心性修养,比较忽视实际问题的研讨。实际上,物质生活是精神生活的基础,精神生活是物质生活的引导,两者是相辅相成不可偏废的。

四、"理"与"欲"的对立与统一

在宋明理学中,除了坚持"义利"之辨以外,更宣扬"理欲"之辨。先秦时期,孟子曾讲"养心莫善于寡欲"(《孟子·尽心下》)。荀子不同意寡欲,主张节欲,他说:"凡语治而待寡欲者,无以节欲,而困于多欲者也。"(《荀子·正名》)荀子提出"以道制欲",他说:"君子乐得其道,小人乐得其欲。以道制欲,则乐而不乱;以欲忘道,则惑而不乐。"(《荀子·乐论》)将道与欲对立起来,认为欲望应当受道德原则的节制。

天理人欲之说始见于《礼记》中的《乐记》。《乐记》说:

> 人生而静,天之性也。感于物而动,性之欲也。物至知知,然后好恶形焉。好恶无节于内,知诱于外,不能反躬,天理灭矣。夫物之感人无穷,而人之好恶无节,则是物至而人化物也。人化物也者,灭天理而穷人欲者也,于是有悖逆诈伪之心,有淫佚作乱之事……此大乱之道也。

这里对于天理、人欲的意义都没有明确的解说,从上下文来看,天理就是"天之性",人欲就是"人之好恶无节"。《乐记》虽然区分了天理与人欲,但还没有把理欲看做是一个严重的问题。

到北宋,张载二程都区分了天理人欲。张载说:"上达反天理,下达徇人欲者与!"(《正蒙·诚明》)以天理与人欲为向上与向下之不同。程颢说:"人心莫不有知,惟蔽于人欲,则亡天理也。"(《河南程氏遗书》卷十一)以为天理是先验的道德意识,蔽于人欲,就丧失了先验的道德意识了。程颐说:

> 天下之害,无不由末之胜也。峻宇雕墙,本于宫室;酒池肉林,本于饮食;淫酷残忍,本于刑罚;穷兵黩武,本于征讨。凡人欲之过者,皆本于奉养,其流之远,则为害矣。先王制其本者,天理也;后人流于末者,人欲也。损之义,损人欲以复天理而已。(《程氏易传·损卦》)

这里是说,宫室、饮食、刑罚、征讨,都是本;而峻宇雕墙、酒池肉林、淫酷残忍、穷兵黩武,则是末。"制其本"即对于本的发展加以节制,就是天理。不能加以节制而"流于末",就是人欲。满足基本的物质需要是天理,超过了一定的限度,奢侈放纵、残酷暴虐,就是人欲了。张载二程所谓天理含有普遍原则之意,他们用天字来表示普遍性,根本性。

特别强调天理人欲之辨的是朱熹。他说:"学者须是革尽人欲,复尽天理,方始是学。"(《朱子语类》卷十三)又说:"人之一心,天理存则人欲亡,人欲胜则天理灭,未有天理人欲夹杂者,学者须要于此体认省察之。"(同上)人欲亦称为私欲。朱氏注释《论语》"克己复礼为仁"云:"克,胜也。己谓身之私欲也。……日日克之,不以为难,则私欲净尽,天理流行,而仁不可胜用矣。"(《论语集注》卷六)《朱子语类》记载朱氏和弟子的问答云:

> 问：饮食之间，孰为天理孰为人欲？曰：饮食者天理也；要求美味，人欲也。（卷十三）

> 问：饥食渴饮，冬裘夏葛，何以谓之天职？曰：这是天教我如此。饥便食，渴便饮，只得顺他。穷口腹之欲便不是。盖天只教我饥则食，渴则饮，何曾教我穷口腹之欲？（卷九十六）

饮食是天理，要求美味是人欲。就是说，满足基本的生活需要是天理；超过一定限度就是人欲。这个限度何在呢？朱氏没有详细的说明。程朱学派这样区别天理与人欲，在理论上陷于概念的混乱。"饥食、渴饮"是人的基本欲望，何以不称为人欲而称为天理？"要求美味"可以说是奢欲或私欲，何以笼统称为人欲？这样就使概念的界限含混不清了。由于概念意义的含混，因而朱熹的观点也往往被误解。近年许多关于中国哲学史的论著，指责朱氏理欲学说为禁欲主义，实出于误解。朱氏学说是主张节欲，还不是禁欲。

陆九渊对于朱熹以及《乐记》的天理人欲之说提出批评。他说：

> 天理人欲之言，亦自不是至论。若天是理、人是欲，则是天人不同矣。此其原盖出于老氏。《乐记》曰：人生而静，天之性也；感于物而动，性之欲也。物至知知，而后好恶形焉。不能反躬，天理灭矣。天理人欲之言盖出于此。《乐记》之言亦根于老氏。且如专言静是天性，则动独不是天性耶？（《陆九渊集·语录上》）

陆氏此说确实揭示了天理人欲之说的自相矛盾之处。张载、二程都宣扬"天人合一",而"天理人欲"的议论却违背了天人合一的宗旨。

王守仁推崇陆学,但在天理人欲问题上却宗述朱熹,强调天理人欲之分别。他说:"只要去人欲、存天理,方是功夫。静时念念去人欲存天理,动时念念去人欲存天理。"(《传习录》上)又说:"圣人之所以为圣,只是其心纯乎天理而无人欲之杂。"(同上)在理欲问题上,朱、王两家是一致的。

罗钦顺、陈确、王夫之都对理欲之辨提出批评意见。而对于理欲之辨提出激烈的批判的是戴震。戴氏提出"理者存乎欲者也"的著名命题(《孟子字义疏证》卷上),强调理与欲的联系与统一,他说:

> 理也者,情之不爽失也,未有情不得而理得者也。……天理云者,言乎自然之分理也;自然之分理,以我之情絜人之情而无不得其平是也。……无过情无不及情之谓理。(《孟子字义疏证》卷上)

理即是"情得其平",亦即人人之情都得到适当的满足。戴氏又说:

> 天理者,节其欲而不穷人欲也。是故欲不可穷,非不可有;有而节之,使无过情无不及情,可谓之非天理乎?(《孟子字义疏证》卷上)

戴氏强调必须满足人们的欲望,他说:

> 圣人治天下,体民之情,遂民之欲,而王道备。(《孟子字义疏证》卷上)

> 天下之事,使欲之得遂,情之得达,斯已矣。……遂己之
> 欲者,广之能遂人之欲;达己之情者,广之能达人之情。道德
> 之盛,使人之欲无不遂,人之情无不达,斯已矣。(《孟子字义
> 疏证》卷下)

基本原则是由己推人,遂己之欲,也应遂人之欲;达己之情,也应
达人之情。"人之欲无不遂,人之情无不达",就是理想的境界。
于是戴氏极力指斥理欲之辨的危害,他说:

> 故今之治人者,视古贤圣体民之情,遂民之欲,多出于鄙
> 细隐曲,不措诸意,不足为怪;而及其责以理也,不难举旷世
> 之高节,著于义而罪之。尊者以理责卑,长者以理责幼,贵者
> 以理责贱,虽失,谓之顺;卑者幼者贱者以理争之,虽得,谓之
> 逆。……人死于法,犹有怜之者;死于理,其谁怜之?(《孟子
> 字义疏证》卷上)

> 此理欲之辨,适成忍而残杀之具。(《孟子字义疏证》卷下)

戴氏对于理欲之辨的指责是深刻的、沉痛的。但是这里有一
个问题:"尊者以理责卑,长者以理责幼,贵者以理责贱,虽失,谓
之顺;卑者幼者贱者以理争之,虽得,谓之逆",这里起了不良作
用的是理还是势呢? 戴氏也说:"于是负其气,挟其势位,加以口
给者,理伸;力弱气慑,口不能道辞者,理屈。"(《孟子字义疏证》卷
上)可见起决定作用的乃是"势位"。事实上是有势位的人假借理
的名义来迫害人们。戴氏对于理欲之辨的批判实质上是对于专
制主义的批判。他明确指出,所谓理欲之辨已成为专制君主压迫
人民的工具,这是有重要进步意义的。

戴氏对于程、朱理欲之说也有误解之处。如云:"宋儒程子朱子……辨乎理欲之分,谓'不出于理则出于欲,不出于欲则出于理',虽视人之饥寒号呼,男女哀怨,以至垂死冀生,无非人欲,空指一绝情欲之感者为天理之本然,存之于心。"(《孟子字义疏证》卷下)事实上程朱并没有漠视"人之饥寒号呼",程朱所谓理包括"恻隐之心",也非完全"绝情欲之感"的。戴氏把专制主义的弊害完全归咎于程朱,是不恰当的。但是,明清时代的专制主义者确实利用了程朱学说,这也是事实。

理与欲的问题,用现在的名词来说,即是道德原则与物质利益之关系的问题。道德原则亦即解决人们的物质利益的相互矛盾的原则。人与人之间,彼此的物质利益往往发生矛盾,如何解决这类矛盾,便是道德原则的一项内容。在阶级社会中,人与人之间物质利益的矛盾,不可能得到合理的解决。荀子说:"人生而有欲,欲而不得,则不能无求;求而无度量分界,则不能不争。争则乱,乱则穷。先王恶其乱也,故制礼义以分之。"(《荀子·礼论》)实际上,礼义所规定的"度量分界"基本上是为了维持统治阶级的利益而设立的。但是它也必须在一定程度上照顾到被统治阶级的根本利益,然后才能为被统治阶级所忍受。在这个问题上,道德的阶级性是比较显著的。但又不仅仅只表现了统治阶级的阶级性。程朱学派所宣扬的"理",实质上是维护当时的统治阶级的根本利益的原则,主要是为维持当时的阶级统治服务的,但是也在一定程度上顾及了劳动人民的利益。程朱学派的理欲之辨,不仅是向人民宣扬的,而也是对贵族有权势者告诫的。程、朱曾多次向君主进谏,朱氏更进行过反对豪强的斗争。这些复杂情况,是进行伦理学史研究时必须注意的。

　　道德原则要解决人与人之间物质利益的矛盾,而且还要解决人们的精神需要与物质需要之间的矛盾。人民不但要满足一定的物质需要,而且要保持自己的人格尊严。这就是所谓"卑者、幼者、贱者以理争之"。劳动人民也会利用"理"作为斗争的武器。但是,仅仅"以理争之",是难以取得效果的。"批判的武器当然不能代替武器的批判。"(《〈黑格尔法哲学批判〉导言》,《马克思恩格斯选集》第1卷,第9页。人民出版社,1972年版)

　　总之,物质生活是精神生活的基础,精神生活是物质生活的指导。没有物质基础的精神生活是空虚的,没有精神指导的物质生活是鄙俗的。伦理学说要承认物质生活与精神生活的统一。

第八章　论所谓纲常

　　中国封建制时代,统治阶级的最高的道德原则是所谓"三纲"、"五常"。三纲即"君为臣纲、父为子纲、夫为妻纲";五常即仁、义、礼、智、信。"五四"时期新文化运动进行道德革命,批判旧道德,其主要的批判对象即是三纲,清除"尊君"思想、反对家长制、提倡男女平等。这一次道德革命的思潮,确实具有空前的伟大意义。但是反动道德观念的残余影响尚有待于彻底肃清。五常的问题比较复杂。清末进步思想家谭嗣同猛烈抨击"三纲",但是他的著作题为"仁学",仍以"仁"为最高理想。仁、义、礼、智、信等道德原则,固然都是封建统治阶级所推崇的,但是还不能因此就认为都是反动的。上两章已经对于仁、义作了一些分析,对于礼、智、信以及传统道德的其他规范还应进行一些比较具体的分析。

一、先秦诸子的"君臣"观与"忠"的观念的演变

如何看待君臣关系,是先秦时代儒、墨、道、法诸家所共同重视的问题。

关于君臣关系问题,《论语》中有如下的记载:

> 定公问:君使臣,臣事君,如之何? 孔子对曰:君使臣以礼,臣事君以忠。(《八佾》)
>
> 季子然问:仲由冉求可谓大臣与? 子曰:吾以子为异之问,曾由与求之问。所谓大臣者,以道事君,不可则止。今由与求也,可谓具臣矣。曰:然则从之者与? 子曰:弑父与君,亦不从也。(《先进》)
>
> 子路问事君。子曰:勿欺也,而犯之。(《宪问》)

从孔子的这些言论来看,孔子是认为臣是应该"事君"的,即应该为君服务;但臣为君服务,应遵守一定的原则,即所谓"以道事君",不应绝对服从,在必要的时候应能犯颜直谏。如果君不肯接受正确的意见,臣就应辞职引退,即所谓"用之则行,舍之则藏"(《论语·述而》)。

孟子强调君臣关系的相对性。他说:

> 君之视臣如手足,则臣视君如腹心;君之视臣如犬马,则臣视君如国人;君之视臣如土芥,则臣视君如寇雠。(《孟子·离娄下》)

臣对于君的态度,应该以君对于臣的态度为转移,如君十分轻视其臣,则臣可以把君看做仇敌。孟子认为君应该敬重有德之臣,

他说：

> 天下有达尊三：爵一，齿一，德一。朝廷莫如爵，乡党莫
> 如齿，辅世长民莫如德。恶得有一以慢其二哉？故将大有为
> 之君，必有所不召之臣。欲有谋焉，则就之。其尊德乐道，不
> 如是不足与有为也。故汤之于伊尹，学焉而后臣之，故不劳
> 而王；桓公之于管仲，学焉而后臣之，故不劳而霸。(《孟子·
> 公孙丑下》)

从爵位来说，君高于臣；从品德来说，臣可以高于君。在这种情
况，君应该接受臣的教导。孟子又说：

> 有事君人者，事是君则为容悦者也。有安社稷臣者，以
> 安社稷为悦者也。有天民者，达可行于天下而后行之者也。
> 有大人者，正己而物正者也。(《孟子·尽心上》)

孟子看不起"事君人"，认为"安社稷臣"高于"事君人"。"达可
行于天下而后行之者"，即"达则兼善天下"的人，又高于"安社稷
臣"。最高的是"正己而物正"的崇高人格。"正己而物正"的关
键是"格君心之非"，他说："惟大人为能格君心之非。君仁莫不
仁，君义莫不义，君正莫不正。一正君而国定矣。"(《孟子·离娄
上》)孟子强调"正君"的必要。

　　孟子肯定有德的大臣应该发挥"正君"的作用，这是他的初
步的民主思想的表现，在历史上有重要的进步意义。孟子是坚决
反对个人独裁的。

　　荀子虽然没有孟子这样强调君臣关系相对性的思想，但也认
为臣应有感化君的作用，他说：

> 有大忠者,有次忠者,有下忠者,有国贼者。以德覆君而化之,大忠也;以德调君而补之,次忠也;以是谏非而怒之,下忠也;不恤君之荣辱,不恤国之臧否,偷合苟容,以之持禄养交而已耳,国贼也。(《荀子·臣道》)

有高尚的道德使君受其感化,这是大忠,荀子举"周公之于成王"为例。事实上,这在封建时代的历史上是非常罕见的。以德行感动君主使其接受意见是次忠;能犯颜直谏是下忠。至于一味服从就是国贼了。

如上所述,先秦的儒家没有绝对君权的思想。

墨家认为君臣之间的道德规范是惠与忠:"君臣相爱,则惠忠。"(《墨子·兼爱中》)君对臣应惠,臣对君应忠。墨家主张"尚同":"上之所是必皆是之,所非必皆非之;上有过则规谏之;下有善则傍(访)荐之。"(《墨子·尚同上》)这里虽说"上之所是必皆是之,所非必皆非之",但又说"上有过则规谏之"。一方面肯定下对上的服从,一方面也承认下谏上的必要。墨家也不是主张绝对服从。

道家不看重君臣关系。老子主张虚君政治,宣称"太上,下知有之;其次亲而誉之,其次畏之,其次侮之"(《老子》十七章)。太上之君,无为无言,下知有之而已。杨朱鼓吹"为我",孟子批评他是"无君",为我确有不为君主服务的意义。《庄子·齐物论》说:"而愚者自以为觉,窃窃然知之,君乎牧乎? 固哉!"道家基本上否认了世俗的贵贱的区分。

宣扬绝对君权的是法家。申不害说:"独视者谓明,独听者谓聪。能独断者,故可以为天下主。"(《韩非子·外储说右上》引)以

为君主应独断,即实行个人独裁。韩非明确强调尊君,他说:

> 夫有术者之为人臣也,得效度数之言,上明主法,下困奸
> 臣,以尊主安国者也。(《韩非子·奸劫弑臣》)

> 故大臣有行则尊君,百姓有功则利上,此之谓有道之国
> 也。(《韩非子·八经》)

"有术者"亦称"法术之士",其任务即在维护君权。韩非认为君
与臣的利益是不同的,君臣是相互利用的。他说:

> 故君臣异心:君以计畜臣,臣以计事君。君臣之交,计
> 也。……君臣也者以计合者也。(《韩非子·饰邪》)

> 且臣尽死力以与君市,君垂爵禄以与臣市,君臣之际非
> 父子之亲也,计数之所出也。(《韩非子·难一》)

为君之道就在于凭借权势,运用赏罚,来迫使臣民为自己服务:
"今人主处制人之势,有一国之厚,重赏严诛,得操其柄,以修明
术之所烛。"(《韩非子·五蠹》)他以为就可以达到国治民安了:"正
明法,陈严刑,将以救群生之乱,去天下之祸,使强不陵弱,众不暴
寡,耆老得遂,幼孤得长,边境不侵,君臣相亲,父子相保,而无死
亡系虏之患,此亦功之至厚者也。"(《韩非子·奸劫弑臣》)这是韩非
的刑法治国论。

韩非肯定刑法的必要,这是正确的;但他完全把人民看做为
君主服务的工具,完全否认道德教育的作用,忽视人民的独立意
志,就陷于非常的错误了。韩非的理论是为绝对君权辩护的片面
观点。

与君臣观密切联系的是"忠"的观念。孔子曾说，"臣事君以忠"，但在孔子的思想体系中，忠不仅仅是臣对君的道德。孔子说："爱之能勿劳乎？忠焉能勿诲乎？"（《论语·宪问》）又回答子张问政说："居之无倦，行之以忠。"（《论语·颜渊》）回答樊迟问仁说："居处恭，执事敬，与人忠。"（《论语·子路》）这些"忠"字都不是指臣对君而言，而是指人与人之间相待的准则。尤其是"与人忠"一句最为显著。孔子弟子曾子亦说："吾日三省吾身：为人谋而不忠乎？与朋友交而不信乎？传不习乎？"（《论语·学而》）忠就是尽心为人谋。朱熹注云："尽己之谓忠。"这是正确的。

孔子所谓"忠"，不仅是君臣关系的准则，不仅是臣对于君的道德，这与春秋时代各国卿大夫的言论所谓"忠"是一致的。《春秋左传》桓公六年记随国大夫季梁之言云：

> 所谓道，忠于民而信于神也。上思利民，忠也。

这以统治者为民谋利为"忠"。《左传》庄公十年记鲁庄公对曹刿说："小大之狱，虽不能察，必以情。"曹刿评论说："忠之属也。"这也是指上对民的态度而言。又成公九年记晋国范文子说：

> 无私忠也。尊君敏也。

这里不是说尊君为忠，而把尊君与无私之忠分开来说，足证忠非指尊君而言。又昭公元年记晋国赵文子说：

> 临患不忘国，忠也。

这将忠与国联系起来。又襄公九年记楚国子囊说："君明臣忠。"则明显地以忠为臣对君的道德了。

可以说,春秋时代所谓忠,主要有两层意义:一是"与人忠"之忠,指人对人应遵循的道德。二是"臣事君以忠"之忠,指臣对君的道德。前一层意义是忠的原始意义,后一层意义是以后衍生的意义。在秦汉以后的封建时代,忠成为表示臣对君的道德的专门名词。但普通语言中所谓忠厚,仍是使用忠字的原始意义。现代汉语中讲"忠于祖国"、"忠于人民",可谓忠字的新义,亦与其本义契合。随着君主专制制度被推翻,忠君之义已经破除了。但忠的观念仍应保留,而且有巨大的生命力。忠于祖国,忠于人民,忠于社会主义,忠于党。这是今日共产主义道德的最重要的原则之一。

二、"三纲"批判

"三纲"之说,始于汉代。先秦时代儒家的代表人物孔子、孟子、荀子都未讲三纲。孔子讲过"君君、臣臣";孟子讲过父子、君臣、夫妇、长幼、朋友等人伦;荀子讲过"君臣、父子、兄弟、夫妇,始则终,终则始,与天地同理,与万世同久"(《荀子·王制》)。然而都没有提出所谓三纲。《韩非子》书的《忠孝》篇说:"臣事君,子事父,妻事夫,三者顺则天下治,三者逆则天下乱,此天下之常道也。"此篇是否韩非所作,难以考定,但总是法家的作品。《忠孝》篇强调臣对君、子对父、妻对夫的片面义务,可以说是三纲观念的前驱。

三纲的名词见于董仲舒的著作。《春秋繁露》的《深察名号》篇云:"循三纲五纪,通八端之理,忠信而博爱,敦厚而好礼,乃可谓善。"又《基义》篇云:"凡物必有合……阴者阳之合,妻者夫之合,子者父之合,臣者君之合。物莫无合,而合各有阴阳。……君臣父子夫妇之义,皆取诸阴阳之道。君为阳,臣为阴;父为阳,子为阴;夫为阳,妻为阴。……王道之三纲,可求于天。"两篇都没有对于"三纲"的名义作出直接的解释,但《基义》篇中着重论述了"君臣父子夫妇之义",似乎即表达了所谓三纲的涵义。

《白虎通义》论述"三纲"说:

> 三纲者何谓也? 谓君臣、父子、夫妇也。……故《含文嘉》曰:君为臣纲,父为子纲,夫为妻纲。……纲者张也……人皆怀五常之性,有亲爱之心,是以纲纪为化,若罗网之有纪纲而万目张也。

据《白虎通义》此说,"君为臣纲,父为子纲,夫为妻纲"三语出自《礼纬·含文嘉》,《含文嘉》此语亦本于董仲舒。纲是网上的大绳,常语云:"提纲挈领。"提起网上的大绳,就可以带动整个的网。纲具有主导的作用。所谓"君为臣纲、父为子纲、夫为妻纲",即是说在君臣、父子、夫妇的关系中,君、父、夫居于主导的地位,臣、子、妻应服从君、父、夫的领导与指挥。

汉儒相传的《礼记》中论君臣、父子、兄弟、夫妇的关系,承认其为相互的关系。《大学》云:"为人君,止于仁;为人臣,止于敬;为人子,止于孝;为人父,止于慈;与国人交,止于信。"《礼运》云:"何谓人义? 父慈子孝;兄良弟悌;夫义妇听;长惠幼顺;君仁臣忠。十者谓之人义。"这就是说,君臣、父子、兄弟、夫妇,两方面都须承担一定的义务。

经过历史的演变,到了南宋,出现了臣对君、子对父、妻对夫应绝对服从的思想。朱熹《孟子集注》引李侗的言论说：

> 舜之所以能使瞽瞍底豫者，尽事亲之道，共为子职，不见
> 父母之非而已。昔罗仲素语此云：只为天下无不是底父母。
> 了翁闻而善之曰：惟如此而后天下之为父子者定。彼臣弑其
> 君、子弑其父者，常始于见其有不是处耳。(《离娄上》注)

罗仲素名从彦，二程再传弟子。"了翁"指陈瓘，也是程门后学。
陈瓘此说，不但肯定天下无不是底父母，也承认天下无不是底的
君了。"天下无不是底父母"，就是说，父母对子女，无论怎样都
是对的，子女对父母只有绝对服从。陈瓘认为，臣对于君，子对于
父，不应"见其有不是处"，即应绝对服从君父的意旨。

王夫之评论这个问题说：

> 天下无不是底父母，延平此语全从天性之爱发出……潜
> 室套着说天下无不是底君，则于理一分殊之旨全不分
> 明。……君之是不是，丝毫也不可带过，如何说道无不是底
> 去做得？……乃去就之际，道固不可枉，而身亦不可失，故曰
> 士可杀不可辱。假令君使我居俳优之位，执猥贱之役，亦将
> 云天下无不是底君，便欣然顺受耶？(《读四书大全说》卷九)

"延平"即李侗，"潜室"是朱熹弟子陈埴。王夫之反对"天下无
是底君"，这是进步的观点；但他却还肯定了"天下无不是底父
母"，这表现了他的时代局限性。

朱熹及其门徒，既宣扬"天下无不是底父母"，又宣扬"天下
无不是底君"，把臣对君、子对父的关系看做绝对服从的关系。
南宋以后的三纲之说，要求臣必须绝对服从君，子必须绝对服从

父,妻必须绝对服从夫。这也就是否认了臣、子、妻的独立人格,也就是要求除最高统治者以外,一切人都应甘受奴役。这种观念在宋元明清时代发生了极其恶劣的不良影响。

在封建社会的后期,专制主义空间加强,三纲思想变本加厉。明代创立了"廷杖"制度,对于敢提意见的大臣实行廷杖,清代更大兴文字狱。在清代,满大臣对君自称奴才;汉大臣称臣,而权位在满大臣之下,这即是说,汉大臣连奴才都不如。明清时代的统治者这样摧残知识分子和劳动人民的独立人格,对于社会发展起了严重的阻碍作用。

三、"五伦"与"五常"

孟子提出"人伦",他说:

> 人之有道也,饱食暖衣,逸居而无教,则近于禽兽。圣人有忧之,使契为司徒,教以人伦:父子有亲,君臣有义,夫妇有别,长幼有序,朋友有信。(《孟子·滕文公上》)

据《尚书·舜典》,使契为司徒的是帝舜。《舜典》云:"帝曰:契!百姓不亲,五品不逊,汝作司徒,敬敷五教在宽。"马融注:"五教,五品之教。"郑玄注:"五品,父母兄弟子也。"孟子所说较《尚书》为明确。五教应是指"父子有亲、君臣有义、夫妇有别、长幼有序、朋友有信"之教。

人伦有五,亦称为五伦。五伦即是五项社会关系。这五种社会关系包含阶级关系。父子、夫妇、长幼、朋友,在一般的情况下,属于同一阶级。所谓君臣关系有广义与狭义之不同。狭义的君臣都属于统治阶级,臣与君虽有从属关系,但都是统治人民的。广义的君臣关系包括君民关系,民是被统治的群众。所以,君臣关系包括阶级关系。孟子也说过:"或劳心,或劳力。劳心者治人,劳力者治于人。"(《孟子·滕文公上》)这所谓"治人"与"治于人"就是阶级关系了。

儒家特别重人伦。荀子说:"圣也者,尽伦者也;王也者,尽制者也。两尽者,足以为天下极矣。"(《荀子·解蔽》)"尽伦"指尽人伦,即尽量处理好人与人之间的各种关系。

马克思、恩格斯所著《共产党宣言》说:

> 资产阶级在它已经取得了统治的地方把一切封建的、宗法的和田园诗般的关系都破坏了。它无情地斩断了把人们束缚于天然首长的形形色色的封建羁绊,它使人和人之间除了赤裸裸的利害关系,除了冷酷无情的现金交易,就再也没有任何别的联系了。……总而言之,它用公开的、无耻的、直接的、露骨的剥削代替了由宗教幻想和政治幻想掩盖着的剥削。……资产阶级撕下了罩在家庭关系上的温情脉脉的面纱,把这种关系变成了纯粹的金钱关系。(《马克思恩格斯选集》第1卷,第253—254页。人民出版社,1972年版)

儒家所重视的,正是保持、维护"封建的、宗法的和田园诗般的关系",正是要求在人与人的关系上罩以"温情脉脉的面纱"。

清末谭嗣同猛烈攻击传统的五伦,他说:

> 仁之乱也,则于其名。……又况名者,由人创造,上以制其下,而不能不奉之,则数千年来三纲五伦之惨祸烈毒,由是

酷焉矣。君以名轭臣，官以名轭民，父以名压子，夫以名困妻，兄弟朋友各挟一名以相抗拒，而仁尚有少存焉者得乎？（《仁学》）

他主张五伦之中可保留朋友一伦，其余皆当废弃。他说：

> 五伦中于人生最无弊而有益，无纤毫之苦，有淡水之乐，其惟朋友乎！顾择交何如耳。所以者何？一曰平等，二曰自由，三曰节宣惟意。总括其义，曰不失自主之权而已矣。兄弟于朋友之道差近，可为其次，余皆为三纲所蒙蔽，如地狱矣。……夫惟朋友之伦独尊，然后彼四伦不废自废。（《仁学》）

谭嗣同反对君臣、父子、夫妇三伦，是因为这三伦违背了自由平等之义。谭氏要求"不失自主之权"，这是有重要意义的进步思想。

在过去的时代，五伦是和三纲密切结合的，所以君臣、父子、夫妇三伦含蕴着不平等的关系。然而，孟子所谓"父子有亲，君臣有义"还没有包含臣子对君父绝对服从的意义。君臣关系随着专制主义被推翻已经消失了。但是，领导与群众的关系还存在，应该实现在民主基础之上的正确领导，这还是应进行研究的重要问题。父子是血缘关系，这是不可否认的。旧道德强调子女对父母的绝对服从，扼杀了子女的独立人格，摧残年轻一代积极前进的生机，是必要批判的。但"父子有亲"，从其主要意义来讲，还是有深刻意义的。难道父子之间应该"无亲"吗？

至于"夫妇有别"，情况比较复杂。荀子亦云："无用之辩，不急之察，弃而不治；若夫君臣之义，父子之亲，夫妇之别，则日切磋而不舍也。"(《荀子·天论》)亦讲"夫妇之别"。何谓别？别即区分。夫妇有别，即夫妇之间有一定界限。这一方面表示男女的外内分工，另一方面又表示重男轻女的倾向。孟子论述当时的婚嫁礼俗说："女子之嫁也，母命之，往送之门，戒之曰：往之汝家，必敬必戒，无违夫子！以顺为正者，妾妇之道也。"(《孟子·滕文公下》)孟子认为"以顺为正"只是妾妇之道，而大丈夫则应有独立人格，不应"以顺为正"。这"以顺为正"的妇女道德，数千年来成为加在妇女身心上的严酷的枷锁。《礼记·丧服传》说："妇人有三从之义，无专用之道。故未嫁从父，既嫁从夫，夫死从子。"这所谓从是随从之义，因而有"妻从夫贵、母从子贵"之说，这基本上否认了妇女的独立地位。所以，妇女解放是近代以至现代的一项重要任务。

与三纲密切相关的还有五常。《白虎通义》说："五性者何？谓仁义礼智信也。……故人生而应八卦之体，得五气以为常，仁义礼智信是也。"(《白虎通义·性情》)孟子仅举"仁义礼智"四德，汉代五行观念流行，与五行相配，于是增加一个信字，成为五常。王充《论衡》亦云："五常之道，仁义礼智信也。"(《论衡·问孔》)足证以仁义礼智信为五常是汉代学者公认的观点。

"五常"即五项基本的道德原则。关于仁与义，上两章已分别论列。下节当对礼、智、信作一些分析。

四、礼、智、信的分析

"礼"的观念起源甚早，孔子曾讲"夏礼"、"殷礼"，夏代殷代的典章制度都称为礼。到春秋时期，礼更成为一个受到广泛重视

的政治伦理观念。《春秋左传》昭公二十五年记载郑大夫游吉绍
述子产的言论云：

> 子太叔见赵简子，简子问揖让周旋之礼焉。对曰：是仪
> 也，非礼也。简子曰：敢问何谓礼？对曰：吉也闻诸先大夫子
> 产曰：夫礼，天之经也，地之义也，民之行也。天地之经，而民
> 实则之。则天之明，因地之性，生其六气，用其五行。气为五
> 味，发为五色，章为五声。淫则昏乱，民失其性。是故为礼以
> 奉之。为六畜五牲三牺，以奉五味；为九文六采五章，以奉五
> 色；为九歌八风七音六律，以奉五声。为君臣上下，以则地
> 义；为夫妇外内，以经二物；为父子兄弟姑姊甥舅昏媾姻亚，
> 以象天明；为政事庸力行务，以从四时；为刑罚威狱，使民畏
> 忌，以类其震曜杀戮；为温慈惠和，以效天之生殖长育。民有
> 好恶、喜怒、哀乐，生于六气，是故审则宜类，以制六志。哀有
> 哭泣，乐有歌舞，喜有施舍，怒有战斗；喜生于好，怒生于恶。
> 是故审行信令，祸福赏罚，以制死生。生好物也，死恶物也；
> 好物乐也，恶物哀也。哀乐不失，乃能协于天地之性，是以长
> 久。简子曰：甚哉礼之大也。对曰：礼，上下之纪、天地之经
> 纬也，民之所以生也，是以先王尚之。

《春秋左传》所记未必是实录，但总有一定根据。照子太叔所说，
关于五味、五色、五声的制度，君臣上下的等级，夫妇、父子、兄弟
等的相互关系，政事、刑罚、惠和等措施，都是礼。而最重要的是
上下之纪。子太叔又区别了礼与仪，即认为揖让周旋之礼不是最
重要的。总之，上古时代所谓礼泛指政治伦理的各种规定。

孔子在当时以"知礼"著称。孔子把礼与仁结合起来,一方面肯定"克己复礼为仁",一方面又说:"人而不仁,如礼何?"(《论语·八佾》)仁与礼是内容与形式的关系,礼的形式必须具有仁的内容。《礼记》中记载孔子论礼的言论很多,大部分恐系出于依托。儒家重礼,儒者熟习各式礼节制度,这确是儒家的特点。儒家所讲礼节制度,越来越繁琐。如《中庸》云:"礼仪三百,威仪三千。"于是引起墨家和道家的反对。

《淮南子·要略》云:"墨子学儒者之业,受孔子之术,以为其礼烦扰而不说,厚葬靡财而贫民,久服伤生而害事,故背周道而用夏政。"儒家提倡三年之丧,墨家特别反对厚葬久丧。在这个问题上,墨家是正确的、进步的。

《老子》批评儒家的礼云:"夫礼者忠信之薄而乱之首,前识者道之华而愚之始。是以大丈夫处其厚不居其薄,处其实不居其华,故去彼取此。"(《老子》三十八章)道家认为礼是虚伪的,削弱了人与人之间的纯朴的关系。

儒家之中,孟子和荀子对于礼的态度不同。孟子把礼看做一项道德原则,是仁义的表现形式。孟子说:

> 仁之实,事亲是也;义之实,从兄是也。智之实,知斯二者弗去是也;礼之实,节文斯二者是也。(《孟子·离娄上》)

仁本于事亲,老吾老以及人之老便是仁;义本于敬兄,敬吾兄亦敬所有的年长者,便是义。实行仁义,须有一定的节度、一定的形式,就是礼。文即恰当的形式。

孟子又以"恭敬之心"、"辞让之心"为礼之端,礼即是恭敬之心、辞让之心的推广。孟子不甚注意典章制度,他尝说:"诸侯之礼,吾未之学也。"(《孟子·滕文公上》)他只是从伦理方面来肯定礼。

荀子把礼看得比仁义更重要,他说:"礼者法之大分,类之纲纪也。故学至乎礼而止矣,夫是之谓道德之极。"(《荀子·劝学》)他比较强调礼的政治意义,他说:

> 礼者,贵贱有等,长幼有差,贫富轻重皆有称者也。(《荀子·富国》)

礼的内容主要是关于贵贱贫富的等级的规定。荀子有时也把礼看做道德原则,如云:

> 礼也者,贵者敬焉,老者孝焉,长者弟焉,幼者慈焉,贱者惠焉。(《荀子·大略》)

孟子强调敬兄,荀子强调敬贵,这也是孟、荀的不同之处。

礼的观念具有多层次的涵义。上古时代,政教不分,礼是一个伦理范畴,又是一个政治范畴。汉代以来,政教虽然密切联系,实际上逐渐分开了。于是礼成为一个专门的伦理范畴。孟子的观点逐渐取得主导地位。

礼是有多层涵义的。古代儒家所宣扬的繁文缛节的礼,久已为历史所淘汰了。但是,作为人与人之间相互接待的简单礼节的礼,仍然是社会生活所必需的。人与人之间,互敬互让仍然是必要的。

其次论智:

"智"是一个认识论的范畴,也是一个伦理学的范畴。作为认识论的范畴,"智"指对于事物的认识;作为伦理学的范畴,"智"指对于道德的认识。关于"智",主要有两个问题,第一,智与学的关系如何? 即智是先验的还是来自经验? 第二,智与德的关系如何? 即认识与道德的关系,对于事物的认识与对于道德的认识的关系如何?

孔了兼重仁智,多次以仁智并举。如云:

> 仁者安仁,知者利仁。(《论语·里仁》)
>
> 知者乐水,仁者乐山;知者动,仁者静;知者乐,仁者寿。

(《论语·雍也》)

孔子所谓知包括对于事物的认识和对于道德的认识。如《论语》记载:

> 樊迟问知,子曰:务民之义,敬鬼神而远之,可谓知矣。

(《论语·雍也》)

所谓知既包含对于道德的重视,又包含对于鬼神问题的态度。

所谓知是先验的还是通过学习而得到的? 孔子没有明确的表示。孔子说过:"生而知之者上也,学而知之者次也。"(《论语·季氏》)但又说:"我非生而知之者,好古敏以求之者也。"(《论语·述而》)所谓生而知之,似乎是虚悬一格而已。而且"生而知之"的涵义也不明确。孔子并没有注意讨论这个问题。

孟子明确肯定了先验的良知,他说:

> 人之所不学而能者,其良能也;所不虑而知者,其良知也。孩提之童,无不知爱其亲者;及其长也,无不知敬其兄也。亲亲,仁也;敬长,义也。无他,达之天下也。(《孟子·尽

心上》)

这不虑而知的良知就是爱亲敬兄的道德意识,孟子认为这些都不是从经验得来的。

孟子提出"是非之心,智也"的命题,他说:

> 恻隐之心,人皆有之;羞恶之心,人皆有之;恭敬之心,人皆有之;是非之心,人皆有之。恻隐之心,仁也;羞恶之心,义也;恭敬之心,礼也;是非之心,智也。仁义礼智,非由外铄我也,我固有之也,弗思耳矣。(《孟子·告子上》)

"是非之心"与"恻隐之心"一样,都是"固有"的。但自己能认识到自己所固有的,却又有待于"思"。孟子说:"心之官则思。思则得之,不思则不得也。"(《孟子·告子上》)这"是非之心"也就是以"理义"为然的心。"心之所同然者何也?谓理也义也。"(同上)以理义为然,也就是肯定仁义:"仁之实,事亲是也;义之实,从兄是也;智之实,知斯二者弗去是也。"(《孟子·离娄上》)孟子这里所谓智,即是明辨是非的道德意识,孟子肯定这明辨是非的道德意识是不待学习的。

孟子论智,有时亦指关于事物的认识,如云:"所恶于智者,为其凿也。如智者若禹之行水也,则无恶于智矣。禹之行水也,行其所无事也;如智者亦行其所无事,则智亦大矣。天之高也,星辰之远也,苟求其故,千岁之日至,可坐而致也。"(《孟子·离娄下》)穿凿之智,即主观臆断。"行其所无事"的智,即客观的认识。对于日至的天文知识,也是智。孟子又说:

> 知者无不知也,当务之为急。……尧舜之知而不遍物,

急先务也。(《孟子·尽心上》)

智者应无所不知,然应区别先后缓急。儒家认为关于道德的认识是应急的先务。

孟子肯定良知是不虑而知的,但是也承认经验对于"德慧"有一定的作用。他说:

> 人之有德慧术知者,恒存乎疢疾。独孤臣孽子,其操心也危,其虑患也深,故达。(《孟子·尽心上》)

"疢疾"即灾患。遭遇不幸,备经坎坷,因而德慧术知超越别人了。

孟子肯定"是非之心,人皆有之",这是正确的;但认为这是生而"固有"的,就不正确了。孟子强调"思则得之,不思则不得也",却又说良知是"不虑而知"的,未免陷于矛盾。

与孟子不同,荀子强调道德意识有待于学习和经验。荀子所谓智亦包含对于事物的认识与对于道德的认识。他说:"所以知之在人者谓之知,知有所合谓之智。"(《荀子·正名》)这"有所合"指合于客观实际。荀子认为道德意识不是生而固有的,而是来自圣人的教导。圣人也没有先验的道德意识,而是总结了实际经验,为了消除争乱而发明了礼义。他说:

> 人生而有欲,欲而不得则不能无求,求而无度量分界则不能不争;争则乱,乱则穷。先王恶其乱也,故制礼义以分之。(《荀子·礼论》)

> 圣人积思虑、习伪故,以生礼义而起法度。然则礼义法度者是生于圣人之伪,非故生于人之性也。(《荀子·性恶》)

荀子强调了"虑"的作用。"性之好恶喜怒哀乐谓之情,情然而心为之择谓之虑。"(《荀子·正名》)虑即心的选择作用。"礼义法度",道德原则和道德规范都是圣人考虑人们的长远利益而设立的。一般人的道德意识是接受"圣王"的教化的结果。荀子肯定道德的经验基础,强调教化的作用,这是正确的。但是荀子把人民群众都看成被动的,完全忽视了人民群众的道德的自觉性,这就陷入于片面了。

道家批评儒家,不承认"人皆有之"的"是非之心"。庄子设寓言论是非云:

> 齧缺问乎王倪曰:子知物之所同是乎?曰:吾恶乎知之?子知子之所不知耶?曰:吾恶乎知之?然则物无知耶?曰:吾恶乎知之?虽然,尝试言之。庸讵知吾所谓知之非不知耶?庸讵知吾所谓不知之非知耶?……自我观之,仁义之端,是非之涂,樊然淆乱,吾恶知其辩?(《庄子·齐物论》)

"同是"即共同的是非,是难讲的,知与不知的界限也难以确定。庄子更否认一般所谓知的价值,他说:

> 德荡乎名,知出乎争。名也者相轧也;知也者争之器也。二者凶器,非所以尽行也。(《庄子·人间世》)

庄子把知看成争名夺利的工具而加以摈弃。但是,否认是非,也是有所是非,难免陷于自相矛盾。《庄子·外篇》的寓言中,河伯问海若说:"然则我何为乎?何不为乎?吾辞受趣舍,吾终奈何?"海若答曰:"夫固将自化。"意在取消这个问题。但又说:"知道者必达于理,达于理者必明于权,明于权者不以物害己。……

言察乎安危,宁于祸福,谨于去就,莫之能害也。"(《庄子·秋水》)
终究还是要有去有就,证明"辞受趣舍"的问题是回避不了的,
"是非之心"还是不能否认的。

汉、宋以及明、清的儒家,都肯定智的重要。董仲舒强调"必
仁且智",他说:

> 莫近于仁,莫急于智。……仁而不智,则爱而不别也;智
> 而不仁,则知而不为也。故仁者所以爱人类也,智者所以除
> 其害也。(《春秋繁露·必仁且智》)

董仲舒所谓智,主要指对于事物的认识。"智者见祸福远,其知
利害蚤,物动而知其化,事兴而知其归。"(《春秋繁露·必仁且智》)
智即是对于事物变化的预见。

宋明理学中,程朱学派与陆王学派都宗述孟子,都肯定先验
的道德意识,但两派在治学方法上有重要的分歧。程朱学派主张
"即物而穷其理",必须通过对于事物的认识才能达到心的自我
认识。陆王学派反对"外求",认为只要反省内求,就可以达到完
满的道德意识。王守仁标榜"致良知",他说:"良知只是个是非
之心,是非只是个好恶。只好恶,就尽了是非;只是非,就尽了万
事万变。"(《传习录》卷下)"尔那一点良知,是尔自家底准则。尔意
念着处,他是便知是,非便知非。"(同上)王守仁把"是非之心"提
高为道德的核心的准则,这是孟子道德先验论的进一步发展。

王廷相提出对于道德先验论的反驳。他说:

> 婴儿在胞中自能饮食,出胞时便能视听,此天性之知,神
> 化之不容已者。自余因习而知,因悟而知,因过而知,因疑而

> 知,皆人道之知也。父母兄弟之亲,亦积习稔熟然耳。何以
> 故? 使父母生之孩提,而乞诸他人养之,长而惟知所养者为
> 亲耳;涂而遇诸父母,视之则常人焉耳,可以侮、可以詈也,此
> 可谓天性之知乎? 由父子之亲观之,则诸凡万物万事之知,
> 皆因习因悟因过因疑而然,人也,非天也。(《雅述》上篇)

这认为父母兄弟之亲也是由于积习,这就否认了孟子所谓"不虑
而知"的良知。这是以唯物主义为基础的关于道德意识的解释。
但王廷相仍然不敢否认"圣人生知",而说"圣人虽生知,惟性善
近道二者而已"(《雅述》上篇),他认为一般人的本性有善有恶,圣
人的性则有善无恶因而接近于道。对于所谓生知提出自己的解
释。王廷相敢于和孟子立异而不敢违背孔子,这是时代的局限。

戴震提出对于孟子所谓智的新解释。他认为天道气化有其
自然的条理,所谓智即是对于条理的认识。他说:

> 在天为气化推行之条理,在人为其心知之通乎条理而不
> 紊,是乃智之为德也。(《孟子字义疏证》卷下)

在天,有自然之条理;在人,有心对于条理的认识。戴震强调理义
存在于事情之中,而心有辨别事情之中的理义的能力。他说:
"理义在事,而接于我之心知……理义在事情之条分缕析,接于
我之心知,能辨之而悦之。"(《孟子字义疏证》卷上)这是"心知"的
作用,心知是智的基础。

戴震认为,智有其发展的过程,他说:

> 试以人之形体与人之德性比而论之:形体始乎幼小,终
> 乎长大;德性始乎蒙昧,终乎圣智。其形体之长大也,资于饮

食之养,乃长日加益,非复其初;德性资于学问,进而圣智,非
复其初明矣。(《孟子字义疏证》卷上)

这里所谓德性指道德意识,"德性始乎蒙昧",就是说人的道德意
识在幼年时本来是朦胧的。戴氏又比较孟、荀之不同云:

> 荀子之重学也,无于内而取于外;孟子之重学也,有于内
> 而资于外。夫资于饮食,能为身之营卫血气者,所资以养者
> 之气与其身本受之气,原于天地非二也。故所资虽在外,能
> 化为血气以益其内,未有内无本受之气,与外相得而徒资焉
> 者也。问学之于德性亦然。有己之德性,而问学以通乎古贤
> 圣之德性,是资于古贤圣所言德性埤益己之德性也。(《孟子
> 字义疏证》卷中)

戴震肯定人具有德性,而强调德性有一个发展的过程。德性的内
容是智、仁、勇:"若夫德性之存乎其人,则曰智曰仁曰勇。"(《孟子
字义疏证》卷下)其中智是认识条理的能力,这种能力是始于蒙昧、
逐渐发展提高的。以为德性有一个发展的过程,这是戴氏超越前
人之处。但是他所讲的也还不甚清楚。

中国伦理学史上关于智的典型学说大致如此。

信的问题比较简单。孔子说:"人而无信,不知其可也。"(《论
语·为政》)又说:"自古皆有死,民无信不立。"(《论语·颜渊》)强调
"主忠信"(《论语·学而》)。孔子弟子子夏宣扬"与朋友交,言而
有信"(同上)。以信为最基本的道德。《说文》:"信,诚也。"又
说:"诚,信也。"以信与诚互训。信即诚实,即言语符合事实。孟
子说:"朋友有信。"(《孟子·滕文公上》)《大学》云:"与国人交,止

于信。"信是人与人之间相互对待的基本道德。

但是,儒家还认为信不是绝对的,不是无条件的。《论语》记载:

> 子贡问曰:何如斯可谓之士矣? 子曰:行己有耻,使于四方不辱君命,可谓士矣。曰:敢问其次。曰:宗族称孝焉,乡党称弟焉。曰:敢问其次。曰:言必信,行必果,硜硜然小人哉! 抑亦可以为次矣。(《子路》)

这是说,言信行果不一定能做到孝悌,也就是说信是最低限度的道德。孟子也说:"大人者,言不必信,行不必果,惟义所在。"(《孟子·离娄下》)信应服从义,义是更高的原则。儒家不把信看成绝对的。但是,儒家还是承认信是一项基本道德原则,只有在特殊的情况下才可以失信。

儒家所宣扬的"五常"都有其一定的阶级性。五常都是等级制度下的道德。"仁者爱人",但是要区分贵贱等级,"亲亲而仁民,仁民而爱物",对于不同阶级的人,态度是不同的。"禁民为非曰义","以义正我",义固有自我约束的意义,更有裁制人民的意义,其阶级性尤为显著。礼区分贵贱尊卑,"礼仪三百,威仪三千",更是维护等级制度的工具。惟信是最基本的,是人人必须遵守的。而所谓"言不必信,行不必果,惟义所在",这义却具有阶级性,不同阶级所宣扬的义可以互不相同。应该承认,儒家所讲的仁、义、礼、智、信五常有其一定的阶级性。

仁义礼智信都有其阶级意义,然而也还有更根本的普遍意义。仁的根本意义是承认别人与自己是同类,在通常的情况下对于别人应有同情心;义的根本意义是尊重公共利益,不侵犯别人的利益;礼的根本意义是人与人的相互交往应遵守一定的规矩;智的根本意义是肯定"是非善恶"的区别;信的根本意义是对别人应遵守诺言。这普遍意义与阶级意义是普遍与特殊的关系。普遍寓于特殊之中,特殊亦不能脱离普遍而存在。普遍的是原则,特殊的是原则的应用。在阶级社会,仁义礼智信的普遍原则不可能贯彻实行,但是必须在一定程度上、一定范围内有所遵行,否则社会生活就不能维持。而且,完全违背这些原则的人,即完全不讲道德的人,必然是自取灭亡。不辨是非,不仁不义,无礼无信,即令一时得逞,也终必身败名裂。古往今来,这样的实例不是罕见的。

前几年有些关于古代伦理思想的论著把仁义礼智信五常一概斥为反动思想,那是缺乏分析的,不是科学的态度。

五、其他道德规范

孔子以仁知并举,又尝以知、仁、勇并举,如云:"知者不惑,仁者不忧,勇者不惧。"(《论语·子罕》)后来《中庸》以"知、仁、勇三者"为"天下之达德"。勇也是儒家所提倡的道德。

孔子又说过:"刚毅木讷近仁。"(《论语·子路》)重视刚毅的品德。又说:"人之生也直,罔之生也幸而免。"(《论语·雍也》)重视直的品德。《论语》云:

> 叶公语孔子曰:吾党有直躬者,其父攘羊,而子证之。孔子曰:吾党之直者异于是,父为子隐,子为父隐,直在其中矣。(《子路》)

孔子认为父慈子孝是天性,顺天性而行,也就是直。实际上,孔子是认为孝重于直。

孔门最重孝悌,孔子弟子有若说:"君子务本,本立而道生。孝弟也者,其为仁之本与!"(《论语·学而》)孝悌是仁的基础。孟子于宣扬仁义礼智之外,又讲"孝悌忠信"。他对梁惠王说:

> 王如施仁政于民,省刑罚,薄税敛,深耕易耨,壮者以暇日修其孝悌忠信,入以事其父兄,出以事其长上,可使制梃以挞秦楚之坚甲利兵矣。(《孟子·梁惠王上》)

相对于仁义礼智而言,孝悌忠信可以说是初步的基础道德。

这里应对"孝"的观念作一些分析。汉儒所谓"父为子纲",到南宋而演变为"天下无不是底父母",要求子女对父母绝对服从。但是在先秦时代所谓"孝"并不包含子女对父母绝对服从之义。孔子论孝,强调敬养父母。《论语》云:

> 子游问孝,子曰:今之孝者,是谓能养。至于犬马,皆能有养;不敬,何以别乎?(《为政》)

对于父母,应既养且敬。孔子又说:

> 事父母几谏。见志不从,又敬不违,劳而不怨。(《论语·里仁》)

"几谏"即婉言规劝。承认"几谏"的必要,就是认为父母可能有过失。对父母"几谏"即力求父母改正过失,这决非无条件的服从。所以孝的观念本来并不包含绝对服从。孔子论孝,讲"父母在不远游"(《论语·里仁》),"三年无改于父之道,可谓孝矣"(同上)。确实表现了时代的局限性,但是他强调子女对于父母应既爱且敬,这还是必须肯定的。父母子女的关系是最基本的关系。如果一个人不肯敬爱他的父母,他可能爱祖国、爱人民吗? 这是非常明显的。我认为,孝的观念,加以适当的解释,还是应该重视的。

《管子》书中提出"礼义廉耻",以"礼义廉耻"为四维,宣称:"四维不张,国乃灭亡。""礼不逾节,义不自进,廉不蔽恶,耻不从枉。"(《管子·牧民》)这礼义廉耻之说,后来亦被儒者所接受。明清时代,"孝悌忠信"与"礼义廉耻"结合起来,称为八德。

耻也是儒家所重视的,孔子重视"行己有耻"(《论语·子路》),孟子说:"人不可以无耻。"(《孟子·尽心上》)又说:"耻之于人大矣。为机变之巧者,无所用耻焉。不耻不若人,何若人有?"(同上)耻也是一项基本道德。

中国传统道德,以儒家所宣扬的道德为主要内容。先秦时期,墨家、道家、法家也各有道德学说,但都没有取得主导地位。佛教传入后,宣传一套宗教道德,也只能作为一个支流而存在。儒家之中,孟子的"仁义礼智"四德说和汉儒的三纲五常说影响最大。三纲观念在封建社会后期起了严重的阻碍社会发展的反动作用;"仁义礼智信"五常观念对于古代精神文明的发展则起了一定的积极作用。问题是复杂的。我们研究伦理学史,要依据各时代的实际情况进行具体的分析。

第九章　意志自由问题

意志自由问题,亦即自由与必然的问题,是伦理学中的一个重要问题。从孔子以来,许多思想家都肯定人有独立的意志。儒家既肯定意志的作用,又强调"知命",承认客观的必然性。墨家反对儒家所谓命,宣扬"非命"。墨家把"命"与"力"对立起来,儒家则把"义"与"命"统一起来。"力与命"、"义与命",都是中国古代伦理学说的重要问题。与此相关,还有"志"与"功"的问题,"志"即动机,"功"即效果。"志"、"功"问题即评判道德行为之标准的问题。这些问题都和意志自由问题有关,所以总括为意志自由问题。

一、古代关于意志的学说

孔子肯定人有独立的意志,他说:

> 三军可夺帅也,匹夫不可夺志也。(《论语·子罕》)

不可夺的志即独立的意志。匹夫即是一般平民,平民虽非贵族,也有自己的不受强制的意志。孔子此语虽然简略,却有深刻的重要意义,这反映了当时平民地位的提高,也表明了儒家关于意志的基本观点。不论意志是否受客观条件所制约,但是一个人对于别人而言,具有独立的意志,不接受别人的强制。

孔子自称"吾十有五而志于学",但认为最重要的是"志于道",这即所谓"下学而上达"。志于学是"**下学**",志于道是"**上达**"。孔子常鼓励弟子们谈自己的志。《论语》记载:"颜渊、季路侍,子曰:盍各言尔志。"而孔子讲述自己的志则是:"老者安之,朋友信之,少者怀之。"(《论语·公冶长》)孔子称赞伯夷叔齐说:"不降其志,不辱其身,伯夷叔齐与!"(《论语·微子》)这些言论都表明对于"志"的重视。

"志"是"不可夺"的,但是否完全自由的呢?孔子没有提出自由的观念,而提出"由己",他说:"为仁由己,而由人乎哉?"(《论语·颜渊》)又说:"有能一日用其力于仁矣乎?我未见力不足者。盖有之矣,我未之见也。"(《论语·里仁》)这种观点可以说是肯定了道德意志的自由,也可以说是肯定了道德的自觉能动性。这就是认为,任何人,不论社会地位如何,只要积极努力,就可以达到很高的道德境界。

关于道德的自觉能动性,孟子所讲较孔子更为明确。孟子宣称"人皆可以为尧舜"(《孟子·告子下》),即认为人人都可以成为尧舜那样的圣人。孟子又引颜渊说:"舜何?人也。予何?人也。有为者亦若是。"(《孟子·滕文公上》)意思是说,舜是一个人,我也是一个人。有所作为,可以像舜那样。孟子又说:"待文王而后兴者,凡民也。若夫豪杰之士,虽无文王犹兴。"(《孟子·尽心上》)豪杰之士,不待人的鼓励,是能够自己奋发向上的。

孟子对于志作过一定的解释,他说:

> 夫志,气之帅也;气,体之充也。夫志至焉,气次焉。故曰:持其志,无暴其气。(《孟子·公孙丑上》)

气是充满于全身的,此气即现在所谓"气功"之气;而志则是气的统帅,对于气有引导的作用。孟子充分肯定"志"在人类生活中的主导作用。

荀子论志较详。现代汉语中所谓意志,荀子谓之志意。他说:"志意修则骄富贵,道义重则轻王公,内省而外物轻矣。"(《荀子·修身》)《荀子》书中的"志"字有时指思想而言,如云:"贵贱不明,同异不别,如是则志必有不喻之患,而事必有困废之祸。"(《荀子·正名》)有时指记忆而言,如云:"人生而有知,知而有志,志也者臧也。"(《荀子·解蔽》)"志意"之志则指今所谓意志。荀子充分肯定了意志的自由,他说:

> 心者形之君也,而神明之主也,出令而无所受令。自禁也,自使也;自夺也,自取也;自行也,自止也。故口可劫而使墨云,形可劫而使诎申,心不可劫而使易意。是之则受,非之则辞。故曰心容其择也,无禁必自见。(《荀子·解蔽》)

这里讲心对身的主宰作用,实际是讲意志。所谓"自禁"、"自使"、"自夺"、"自取"、"自行"、"自止",就是讲意志的自由。"心容其择也",是说心是具有选择的作用的。(王先谦《集解》:"容训如,心容其择也句,无禁必自见句。"按王先谦此解得之。)荀子

强调心的抉择作用,他说:

> 欲不待可得,而求者从所可。欲不待可得,所受乎天也;
> 求者从所可,受乎心也。……故欲过之而动不及,心止之也;
> 心之所可中理,则欲虽多,奚伤于治?欲不及而动过之,心使
> 之也;心之所可失理,则欲虽寡,奚止于乱?故治乱在于心之
> 所可,亡于情之所欲。(《荀子·正名》)

心有所可,有所不可。心之所可,即心所肯定的;心所不可,即心
所否定的。有所可有所不可,这就是心的选择,即意志的作用。
荀子认为心必须懂得道理才能有正确的选择:“道者,古今之正
权也。离道而内自择,则不知祸福之所托。”(《荀子·正名》)“心知
道然后可道,可道,然后能守道以禁非道。”(同上)意志是能作出
自由选择的,但必须懂得道理,才能够作出正确的选择。

先秦的儒家,自孔子以至荀子,都在一定意义上肯定了意志
自由,这在中国伦理学史上产生了深远的影响。

道家不重视意志问题。老子虽然承认“强行者有志”(《老子》
三十三章),但是以“虚其心,实其腹,弱其志,强其骨”(《老子》三
章)为至治的景象。庄子宣扬所谓坐忘:“堕肢体,黜聪明,离形去
知,同于大通,此谓坐忘。”(《庄子·大宗师》)坐忘亦即形如槁木、
心如死灰,无所谓意志了。

但是庄子要求绝对的精神自由。他举譬喻说:“夫列子御风
而行,泠然善也,旬有五日而后反,彼于致福者未数数然也。此虽
免乎行,犹有所待者也。若夫乘天地之正,而御六气之辩,以游无
穷者,彼且恶乎待哉?”(《庄子·逍遥游》)这种无所待的精神状态

只是凭借想象的自我陶醉。但庄子要求摆脱世俗偏见的束缚,也有一定的积极意义。

在中国伦理学史上,孔子、孟子关于道德自觉能动性的学说影响最大,后儒没有能够超出他们的思想观点。宋代张载提出"志"、"意"有别之说,他在《正蒙》中说:

> 成心忘,然后可与进于道。(自注:成心者,私意也。)化则无成心矣。成心者,意之谓与!(《大心》)
>
> 盖志意两言,则志公而意私尔。(《中正》)

王夫之注云:"意者心所偶发,执之则为成心矣。……志者始于志学而终于从心之矩,一定而不可易者,可成者也。意则因感而生,因见闻而执同异攻取,不可恒而习之为恒,不可成者也。故曰学者当知志意之分。"意是一时偶发的动机,志是长期追求的目标。意是从私出发的,志是从公出发的。张载区别了一时的动机与长久的目标,这是有一定的理论意义的。

后儒之中,最强调人的道德自觉能动性的是陆九渊,他说:"人须是力量宽洪作主宰。""人精神在外,至死也劳攘,须收拾作主宰。收得精神在内时,当恻隐即恻隐,当羞恶即羞恶。"又说:"激厉奋迅,决破罗网。""自得,自成,自道,不倚师友载籍。"(《陆九渊集·语录下》)所谓"作主宰",可以说就是自由。但这是道德的自由,不是一般行动的自由。这就是认为,人人都有天赋的道德意识,要肯定自己固有的道德意识,依照自己的道德意识做去,不要依靠别人。这可以说是对于道德的自觉性的高度赞扬。

陆九渊肯定人人都可以提高自己的道德自觉性,这是正确的;但他认为人的道德意识是天赋的,不依赖于经验,这就错误了。

二、"力"与"命"

孔子讲"知命",认为:"不知命,无以为君子也。"(《论语·尧曰》)他自称"五十而知大命"(《论语·为政》)。但是他虽然重视知命,却不废人事。他的生活态度是"发愤忘食,乐以忘忧",他积极活动,致被隐士讥为"知其不可而为之者"。承认有命,而积极努力有所作为,这是儒家的态度。

墨子反对讲命,把力与命对立起来,他说:

> 昔桀之所乱,汤治之;纣之所乱,武王治之。……存乎桀纣而天下乱,存乎汤武而天下治。天下之治也,汤武之力也;天下之乱也,桀纣之罪也。……故昔者禹汤文武方为政乎天下之时,曰必使饥者得食,寒者得衣,劳者得息,乱者得治,遂得光誉令闻于天下,夫岂可以为命哉? 故以为其力也。今贤良之人,尊贤而好道术,故上得其王公大人之赏,下得其万民之誉,遂得光誉令闻于天下,夫岂可以为其命哉? 故以为其力也。(《墨子·非命下》)

国家之治,在于为政者用力;贤良取得成就,亦在于用力。这些都不是命定的。墨家不承认所谓命的存在。

墨家所非之"命"是完全前定的"命"。"命富则富,命贫则贫;命众则众,命寡则寡;命治则治,命乱则乱;命寿则寿,命夭则夭。"(《墨子·非命上》)这所谓命,实际不是儒家所宣扬的"命"。

儒家所谓命是经过主观努力之后仍不可超越的客观限制,必须尽人事,才能知天命,天命不是完全前定的。

今存《列子》书中有《力命》篇,设为寓言云:

> 力谓命曰:若之功奚若我哉?命曰:汝奚功于物而欲比朕?力曰:寿夭穷达,贵贱贫富,我力之所能也。命曰:彭祖之智,不出尧舜之上,而寿八百;颜渊之才,不出众人之下,而寿四八;仲尼之德不出诸侯之下,而困于陈蔡;殷纣之行,不出三仁之上,而居君位;季札无爵于吴,田恒专有齐国;夷齐饿于首阳,季氏富于展禽。若是汝力之所能,奈何寿彼而夭此,穷圣而达逆,贱贤而贵愚,贫善而富恶邪?力曰:若如若言,我固无功于物,而物若此邪?此则若之所制邪?命曰:既谓之命,奈何有制之者邪?朕直而推之,曲而任之,自寿自夭,自穷自达,自贵自贱,自富自贫,朕岂识之哉?朕岂能识之哉?

此说实为对于墨家“非命”说的反驳,但也不承认所谓前定的天命。寿夭穷达、贵贱贫富,不是力所能决定的,而都是自然而然的,没有什么“制之者”。此说虽然指出了命定论与非命论的缺欠,但也没有解决问题。

墨家的非命论所强调的力,可以说即是主观能动作用。非命论肯定了主观能动作用,但忽视了客观环境对于主体的限制。儒家的知命论承认客观环境对于主体的限制,也在一定程度上肯定主观的能动作用,但仅仅宣扬道德的自觉能动性,而对于物质实力的培养重视不够。人生问题的解决,不但要提高精神力量,而且要充实物质力量。

三、"义"与"命"

孟子尝以"义"与"命"并举。《孟子》书记载：

> 万章问曰：或谓孔子于卫主痈疽，于齐主侍人瘠环，有诸乎？孟子曰：否，不然也。好事者为之也。于卫主颜雠由。弥子之妻与子路之妻，兄弟也。弥子谓子路曰：孔子主我，卫卿可得也。子路以告。孔子曰：有命。孔子进以礼，退以义，得之不得曰有命。而主痈疽与侍人瘠环，是无义无命也。（《孟子·万章上》）

焦循《孟子正义》引张尔岐《蒿庵闲话》云："人道之当然而不可违者义也，天道之本然而不可争者命也。"这个解释是正确的。"义"是道德的原则，"命"是客观的必然。孟子以为，从事于活动，既应遵守"义"，又应顺从"命"。

《庄子》的《人间世》篇设为叶公子高问于仲尼的寓言，亦云：

> 仲尼曰：天下有大戒二，其一命也，其一义也。子之爱亲，命也，不可解于心。臣之事君，义也，无适而非君也，无所逃于天地之间。是之谓大戒。

这段话不能看做孔子的语录，但也不是庄子的观点。庄子是不赞同臣事君的。这可能是庄子模拟当时儒家的言论。

庄子是宣扬"命"的："知不可奈何而安之若命，惟有德者能之。"（《庄子·德充符》）但他不赞同儒家所谓"义"，以"忘年忘义"为理想（《庄子·齐物论》）。这是道家的态度。

到宋代,张载、程颢、程颐继承孟子关于义命的观点,并作了进一步的发展。张载提出"义命合一",他说:"义命合一存乎理。"(《正蒙·诚明》)"义"是当然之理,"命"是必然之理,二者是统一的。张载又说:"当生则生,当死则死;今日万钟,明日弃之,今日富贵,明日饥饿,亦不恤,惟义所在。"(《近思录》卷七引)惟求合义,生死祸福在所不计。这就是说,不论命运如何,最重要的是践行自己的道德义务。

二程论义命,所讲更为明确。程颢说:

> 圣人乐天,则不须言知命。知命者,知有命而信之者尔。不知命无以为君子是矣。命者所以辅义,一循于义,则何庸断之以命哉?(《河南程氏遗书》卷十一)

程颐说:

> 贤者惟知义而已,命在其中。中人以下,乃以命处义。如言"求之有道,得之有命",是求无益于得,知命之不可求,故自处以不求。若贤者则求之以道,得之以义,不必言命。
> (同上书卷二上)

二程提出"命者所以辅义"的命题,强调"贤者惟知义而已","不必言命",即是认为,只应考虑义之当然,不必考虑命之必然。也就是认为,在任何的情况之下,都应完成自己的道德义务。也就是肯定,在任何条件之下,人们都有实行道德的自由。

这样,张、程把道德实践的可能性提到无条件的高度。道德实践是不受任何客观条件的约束的,在任何情况下,都可以提高自己的道德境界,这才是道德意志的自由。事实上,普通的道德实践,固然是不需要客观条件的,而"博施济众"的道德事业,还是需要一定的客观条件。道德意志的自由也还是相对的自由。

四、"志"与"功"

关于道德行为的判断标准的问题,墨子提出"合其志功而观"的论断。《墨子·鲁问》中载:

> 鲁君谓子墨子曰:我有二子,一人者好学,一人者好分人财,孰以为太子而可? 子墨子曰:未可知也。或所为赏与(誉)为是也。钓者之恭,非为鱼赐也;饵鼠以虫,非爱之也。吾愿主君之合其志功而观焉。

"合其志功而观",即综合动机与效果来看,既考察行为的动机,又考察行为的效果。这是一种全面的观点。墨家是重视功利的,宣称"言有三表",第三表是"发以为刑政,观其中国家百姓人民之利",可见墨家对于效果的重视。但墨家也不忽视动机。《墨子·耕柱》中载:

> 巫马子谓子墨子曰:子兼爱天下,未云利也;我不爱天下,未云贼也。功皆未至,子何独自是而非我哉? 子墨子曰:今有燎者于此,一人奉水将灌之,一人掺火将益之,功皆未至,子何贵于二人? 巫马子曰:我是彼奉水者之意,而非夫掺火者之意。子墨子曰:吾亦是吾意而非子之意也。

在"功皆未至"的情况下,应该肯定善良的动机。

孟子亦谈到志与功的问题,《孟子》记载:

> 彭更问曰:后车数十乘,从者数百人,以传食于诸侯,不

以泰乎？孟子曰：非其道，则一箪食不可受于人；如其道，则
舜受尧之天下，不以为泰。子以为泰乎？曰：否。士无事而
食，不可也。曰：子不通功易事，以羡补不足，则农有余粟，女
有余布；子如通之，则梓匠轮舆皆得食于子。于此有人焉，入
则孝，出则悌，守先王之道以待后之学者，而不得食于子。子
何尊梓匠轮舆而轻为仁义者哉？曰：梓匠轮舆，其志将以求
食也，君子之为道也，其志亦将以求食与？曰：子何以其志为
哉？其有功于子，可食而食之矣。且子食志乎？食功乎？
曰：食志。曰：有人于此，毁瓦画墁，其志将以求食也，则子食
之乎？曰：否。曰：然则子非食志也，食功也。（《滕文公下》）

孟子主张"食功"，对于"有功"的，应给以报酬。孟子认为士不是
"无事而食"，士从事于道德教育，也是有功的。

孟子又有"尚志"之说：

王子垫问曰：士何事？孟子曰：尚志。曰：何谓尚志？
曰：仁义而已矣。杀一无罪，非仁也；非其有而取之，非义也。
居恶在？仁是也；路恶在？义是也。居仁由义，大人之事备
矣。（《孟子·尽心上》）

"尚志"即具有崇高理想，坚持"仁义"的原则。孟子以为，士从事
于道德实践，也就是从事于宏伟的事业。孟子的观点，也可以说
是肯定动机与效果的统一。

与志功问题相近的，有心迹问题。隋代儒者王通曾说："心
迹之判久矣。"（《文中子中说·问易》）后来程颐加以批评说："有是
心，则有是迹。王通言心迹之判，便是乱说。"（《河南程氏遗书》卷十

五)心是思想,迹是行动上的表现。心是动机,迹是实际效果。王通讲心迹之判,承认思想与表现可能不一致。程颐则强调二者的统一。

志功问题与义利问题有关。值得注意的是,儒家重义,但也强调"食功";墨家讲利,但也重视"志"、"意"。儒墨都兼重志功,两家在志功问题上的观点是相互接近的。

第十章 天人关系论评析

人伦道德是一种社会现象,社会现象不是脱离自然界而存在的。人,生存于社会之中,同时亦生存于自然界之中。人与非人的自然界有区别,但是这种区别,从根本意义上来说,只是自然界中的内在的区别。人,作为一种存在物,在广大无限的宇宙中,居于何种地位呢?用传统的名词来说,就是,人在"天地之间"的位置如何?汉代史学家司马迁自述著书的宗旨是"欲以明天人之际,通古今之变"。天人之际即是人与自然的关系,这是中国古代伦理学说的一个重要问题。

一、伦理学与本体论

在中国哲学中,本体论和伦理学是密切联系的,本体论探讨以宇宙为范围的普遍性问题,伦理学探讨以人类生活为范围的特殊性问题。普遍寓于特殊之中,特殊含蕴普遍。所以,伦理学与本体论之间,存在着一定的联系。本体论为伦理学提供普遍性的前提,伦理学为本体论提供具体性的验证。宋明理学以至清初以来王夫之、颜元、戴震的理论结构都是如此。从今天来看,他们的理论观点不免有牵强比附之处,但是他们确实是在探讨一个重要的理论问题:人与自然的关系究竟如何?

这个问题包括:人在宇宙间的地位如何? 人类道德有无宇宙的意义? 人类道德原则与自然界的普遍规律有何联系?

这类问题也可以称为"道德形上学"的问题。德哲康德曾提出"道德形上学"的名称,我们可以借用这个名词来表示中国古代哲学中关于道德的本体论基础的学说。

关于人与自然的关系,中国哲学中有两类不同的观点。一类观点比较强调人与自然的统一,这就是"天人合一论"和"万物一体说";另一类观点比较重视人与自然的区别,这就是"天人之分论"与"天人交胜说"。这些思想都有比较复杂的内容,需要进行具体的分析。

二、"天人合一"与"万物一体"

"天人合一"观念,源远流长,在思想史上有一个发展演变的过程。"天人合一"四字,作为一个成语,是张载提出的。在张载以前,董仲舒讲过"天人之际,合而为一"。但张载的天人合一观念不是出于董仲舒,而是本于孟子。孟子没有直接提出"天人合一"观念,但他的"性天同一"的观点是宋明理学中"天人合一"思想的主要渊源。

从孟子以至王夫之、戴震,"天人合一"思想,可以列举为五种观点:(1)性天同一;(2)天人合德;(3)万物一体;(4)天人相类;(5)天道人道的统一。

(1)性天同一

孟子提出"知性知天"之说,他认为:"尽其心者,知其性也。知其性,则知天矣。"(《孟子·尽心上》)何以知其性就能知天?孟子未加说明。孟子又以心为天之所与,他说:"心之官则思,思则得之,不思则不得也,此天之所与我者。"(《孟子·告子上》)孟子把心、性与天联系起来,但没有提出较详的论证。孟子所谓天,亦即天道,尝说:"圣人之于天道也。"(《孟子·离娄上》)认为惟圣人才能认识天道。从孟子关于知性知天的言论来看,可以说孟子肯定了人性与天道的同一。

《中庸》提出"尽性参天"之说。《史记》说子思作《中庸》,又说孟子受业于子思之门人。但《韩非子·显学》篇讲"儒分为八",以"子思之儒"与"孟氏之儒"并列,足证子思之儒的学说与孟氏学说不尽相同。《中庸》应是"子思之儒"的著作,不尽出于子思本人。《中庸》的观点与孟子思想还是比较相近的。

《中庸》提出"天命之谓性"的命题,把天与性联系起来。《中庸》以"诚"为天之道,说:

> 诚者天之道也;诚之者人之道也。诚者不勉而中、不思而得,从容中道,圣人也。诚之者,择善而固执之者也。

《孟子》亦有相类的话:"是故诚者天之道也,思诚者人之道也。"汉、宋诸儒认为孟子引述《中庸》,近人多谓《中庸》因袭《孟子》,究竟孰先孰后,难以考定。所谓"诚者天之道",应如何理解呢?《中庸》又说:"天地之道,可一言而尽也:其为物不贰,则其生物不测。"所谓诚即"不贰"之意，亦即前后一贯，始终一致，亦即具有必然的规律。《中庸》以诚为天之道，又以诚为圣人的精神境界。圣人的行动完全合乎原则，亦称为诚。这也是一种"天人合一"的观点。《中庸》认为圣人达到诚的境界，就能"尽性"，能"尽性"，就可以赞天地之化育。《中庸》云：

> 自诚明，谓之性；自明诚，谓之教。诚则明矣，明则诚矣。
> 唯天下至诚，为能尽其性；能尽其性，则能尽人之性；能尽人
> 之性，则能尽物之性；能尽物之性，则可以赞天地之化育；可
> 以赞天地之化育，则可以与天地参矣。

所谓"自诚明"，即是先达到诚的境界，然后才有对于诚的理解。所谓"自明诚"，即是先对于诚有所理解，然后达到诚的境界。既诚且明，就能尽量理解自己的本性，尽量理解人的本性，尽量理解物的本性，就可以赞助天地产生万物的过程，就可以与天地并而为三了。这是《中庸》所提出的最高理想。

《中庸》提出"与天地参"，充分肯定人的能动作用。认为"能尽物之性"然后才能"赞天地之化育"，这也是比较深刻的观点。但认为"尽己之性"即能"尽人之性"、"尽物之性"，就把问题看得太简单了。"尽人之性"、"尽物之性"，谈何容易？

《中庸》和孟子关于性与天道的思想对于宋明理学有深刻的影响。宋明理学的"天人合一"观念基本上是孟子、《中庸》思想的进一步发展。

(2)天人合德

战国时代儒家学者所撰的《易传》提出"大人与天地合德"的

理想,《文言传》云:

> 夫大人者,与天地合其德,与日月合其明,与四时合其序,与鬼神合其吉凶,先天而天弗违,后天而奉天时。天且弗违,而况于人乎?况于鬼神乎?

首句以天地并举,所谓天指天空而言,即指天象而言。下文以天人对举,所谓天指包括地在内的自然之天。"与天地合其德,与日月合其明,与四时合其序",即与自然界的条理秩序相契合。这里"德"字指本性而言。"先天"意谓在自然变化尚未发生之前加以引导。"后天"意谓在自然变化发生之后注意适应。"天""人"不相违,就是人与自然互相协调。这里还保留了鬼神,这是原始宗教的残存。

《易传》也谈到天道与人性的关系问题。《系辞上传》云:

> 一阴一阳之谓道;继之者善也;成之者性也。仁者见之谓之仁,知者见之谓之知,百姓日用而不知,故君子之道鲜矣。显诸仁,藏诸用,鼓万物而不与圣人同忧,盛德大业至矣哉!富有之谓大业,日新之谓盛德,生生之谓易。

一阴一阳,对立转化,这是自然界的普遍规律。一阴一阳,继续不绝,这是本然的善。如果不是继续不绝,则事物将皆绝灭,就无善可言了。由一阴一阳之道而形成具体的物,于是有性。人之本性如何,论者所见不同,或谓之仁,或谓之智。一阴一阳之道发育万物,可谓之"仁";一阴一阳相互推动,具有内在的动力,可谓之"用"。万物繁茂,良莠不齐,兼容并存,无所抉择,不像圣人那样唯愿有善而无恶。所谓"显诸仁",指天地生育万物而言,《系辞下传》云："天地之大德曰生。"《易传》把"生"与"仁"联系起来。

《系辞上传》所谓"鼓万物而不与圣人同忧"，即承认天道与人道有一定的区别。《说卦传》云：

> 昔者圣人之作易也，将以顺性命之理，是以立天之道曰阴与阳，立地之道曰柔与刚，立人之道曰仁与义。兼三才而两之，故易六画而成卦。

天道是阴阳，地道是柔刚，人道是仁义，互有区别，而又彼此相应。《易传》以天地人为三才，《系辞下传》云："易之为书也广大悉备，有天道焉，有人道焉，有地道焉。兼三才而两之，故六，六者非他也，三才之道也。"这以天地人并列为三才，肯定人在天地之间有重要位置。

《易传》天人观的特点是，既承认天与人的联系，又承认天与人的区别，而以天与人互不相违为理想。天不违人，人不违天，即自然与人的谐调。先秦哲学中，庄子主张废弃人事，回到自然；荀子主张发扬人治，改造自然。《易传》则主张尽力解决天与人的矛盾，以达到天与人的和谐。

（3）万物一体

《易传》要求解决天与人的矛盾，道家则注重揭示"天"与"人"的矛盾，然后用排弃人为、因任自然的方法消除天与人的矛盾。《老子》指陈天道与人道的不同："天之道损有余而补不足，人之道则不然，损不足以奉有余。"（《老子》七十七章）在《老子》的体系中，天不是最高的实体，在天之上，还有"先天地生"的道。"故道大，天大，地大，人亦大。域中有四大，而人居其一焉。人法地,地法天,天法道,道法自然。"(《老子》二十五章)天与人都是相对的,惟有道是绝对的。道是自然而然的,人生也应因任自然。

《老子》以人为"域中四大"之一,也肯定了人在天地间的重要意义。

庄子承认知天知人的重要,但对于普通所谓天人的区别表示怀疑。他说:"知天之所为,知人之所为者,至矣。知天之所为者,天而生也;知人之所为者,以其知之所知,以养其知之所不知,终其天年而不中道夭者,是知之盛也。虽然,有患。夫知有所待而后当,其所待者特未定也。庸讵知吾所谓天之非人乎?所谓人之非天乎?"(《庄子·大宗师》)所谓天者未必非人,所谓人者未必非天。这个问题确实提得很深刻,可以由此而论证天与人的统一,但是庄子没有由此更推进一步,仍然强调天与人的对立。庄子主张舍人而任天,放弃人为,因任自然。他强调"不以心捐道,不以人助天"(同上)。他的理想人格是:"有人之形,无人之情。有人之形,故群于人;无人之情,故是非不得于身。眇乎小哉!所以属于人也;謷乎大哉!独成其天。"(《庄子·德充符》)这就是所谓畸人,"畸人者,畸于人而侔于天"(《庄子·大宗师》)。脱离人之所以为人,而与天同一了。到此境界,就会感到"天地与我并生,而万物与我为一"(《庄子·齐物论》)。忘己忘物,物我浑然一体了。

《庄子·外篇》对于天与人作了明确的解释:"何谓天?何谓人? ……牛马四足是谓天,落马首,穿牛鼻,是谓人。故曰:无以人灭天,无以故灭命,无以得殉名。谨守而勿失,是谓反其真。"(《庄子·秋水》)反其真也就是返于自然,也称为"与天为一"(《庄子·达生》)。也就是与万物为一体。

庄子这种观点,从严格意义说来,不是"天人合一"的观点,他否定了人,仅仅肯定了天。《庄子·杂篇》云:"古之人,天而不人。"(《庄子·列御寇》)这种以"天而不人"为理想的观点,还不能称为"天人合一"。庄子学派完全否定了人为的意义,所以荀子批评庄子说:"庄子蔽于天而不知人。"(《荀子·解蔽》)但是,庄子所谓"万物与我为一"以及"与天为一"的命题对于宋代宣扬"天人合一"的学说有一定的影响,成为宋代理学家"天人合一"观点的一个思想来源。

(4)天人相类

董仲舒宣扬"天人感应",提出"天人相类"的观点,他以"人体"与"天体"相比较,认为"人体"结构与"天体"结构是相类的:"观人之体,一何高物之甚而类于天也!""天地之符,阴阳之副,常设于身,身犹天也"(《春秋繁露·人副天数》)。又说:"天亦有喜怒之气、哀乐之心,与人相副。以类合之,天人一也。"(《春秋繁露·阴阳义》)说"人体"与"天体"相类,本属牵强;说"天"亦有喜怒哀乐,更是穿凿附会了。董仲舒的伦理学说中,关于"仁义"关系、"仁智"关系的议论颇有精彩之处,关于"天人"关系的议论却是非常粗浅的。

(5)天道与人性的统一

天人合一观点到宋代趋于成熟。张载明确提出"天人合一"的命题,他是在批判佛教的过程中提出的。张载说:

> 浮屠明鬼,谓有识之死受生循环,遂厌苦求免,可谓知鬼乎?以人生为妄,可谓知人乎?天人一物,辄生取舍,可谓知

天乎？……今浮屠极论要归，必谓死生转流，非得道不免，谓之悟道可乎？悟则有义有命，均死生，一天人。(《正蒙·乾称》)

释氏语实际，乃知道者所谓诚也，天德也。其语到实际，则以人生为幻妄，以有为为疣赘，以世界为荫浊，遂厌而不有，遗而弗存。就使得之，乃诚而恶明者也。儒者则因明致诚，因诚致明，故天人合一，致学而可以成圣，得天而未始遗人。……所谓实际，彼徒能语之而已，未始心解也。(同上)

这里所谓"释氏语实际"，指佛家讲所谓真如，亦称实相、实性，指超越现实世界的本体。佛家认为现实世界是虚幻的，追求所谓真如，而又宣扬轮回，张载认为这些都是错误的，所谓实际与现实生活不能割裂为二。实际就是天，天和人是统一的。张载说：

释氏妄意天性，而不知范围天用，反以六根之微因缘天地。明不能尽，则诬天地日月为幻妄，蔽其用于一身之小，溺其志于虚空之大，所以语大语小，流遁失中。其过于大也，尘芥六合；其蔽于小也，梦幻人世。谓之穷理可乎？(《正蒙·大心》)

这是说，佛家否认客观世界，否认人世生活，都是错误的。天、地、日、月不是虚妄，人世也不是梦幻，都是实在的。张载肯定天和人的统一，他说：

天人异用，不足以言诚；天人异知，不足以尽明。所谓诚明者，性与天道不见乎小大之别也。(《正蒙·诚明》)

人的作用亦即天的作用,"知天"亦即"知人","人性"与"天道"是同一的。"性"与"天道"的内容如何?张载以为即是变易。"性与天道云者,易而已矣。"(《正蒙·太和》)"故圣人语性与天道之极,尽于参伍之神,变易而已。"(同上)

张载所谓"天人合一",主要有两层含义:其一,反对佛家"诬天地日月为幻妄"、"以人生为妄",肯定天与人都是实在的;其二,认为"天道"和"人性"的内容是同一的。实际上,"人性"和"天道"有层次之别,"天道"是普遍,"人性"是特殊。张载断言"性与天道不见乎小大之别",就把不同的层次混淆了。

张载也承认"天道"与"人道"有所区别,他说:

> 老子言"天地不仁,以万物为刍狗",此是也。"圣人不仁,以百姓为刍狗",此则异矣。圣人岂有不仁?所患者不仁也。天地则何意于仁?鼓万物而已。……"鼓万物而不与圣人同忧",则于是分出天人之道,人不可以混天。……圣人所以有忧者,圣人之仁也。不可以忧言者,天也。盖圣人成能,所以异于天地。(《横渠易说·系辞上》)

天地是无所谓仁的,圣人则以仁为最高准则,"人道"与"天道"还有一定的区别。

程颢强调"万物一体",以为"仁者以天地万物为一体"(《河南程氏遗书》卷二上)。这是对于庄子"万物与我为一"说的改造。他说:

> 若夫至仁,则天地为一身,而天地之间,品物万形,为四肢百体。夫人岂有视四肢百体而不爱者哉?圣人仁之至也,

> 独能体是心而已。……医书有以手足风顽谓之四体不仁,为
> 其疾痛不以累其心故也。夫手足在我,而疾痛不与知焉,非
> 不仁而何? 世之忍心无恩者,其自弃亦若是而已。(《河南程
> 氏遗书》卷四)

所谓"天地为一身",即不以小我为我,而以广大自然界的整体为
我,超越小我而达到大我。程颢又说:"人与天地一物也,而人特
自小之,何耶?"(《河南程氏遗书》卷十一)如果只以小我为我,那就
是自小了。

程颐以为"天道"与"人道"只是一个道,不应分别为二,他
说:"道未始有天人之别,但在天则为天道,在地则为地道,在人
则为人道。"(《河南程氏遗书》卷二十二上)此"道"亦即是"性":"称
性之善谓之道,道与性一也。""自性而行皆善也,圣人因其善也,
则为仁义礼智信以名之。……合而言之皆道,别而言之亦皆道
也。"(《河南程氏遗书》卷二十五)此道的内容就是仁、义、礼、智、信。
这实际上就是把人的道德原则提高为自然界的最高规律。

程颐解释《周易》"元亨利贞"说:"元亨利贞,谓之四德。元
者万物之始,亨者万物之长,利者万物之遂,贞者万物之成。"(《程
氏易传》卷一)又说:"四德之元,犹五常之仁,偏言则一事,专言则
包四者。"(同上)这就是将"天道"的"四德"与"人道"的"五常"联
结起来。后来朱熹更加以推衍道:

> 元者物之始生,亨者物之畅茂,利则向于实也,贞则实之
> 成也。实之既成,则其根蒂脱落,可复种而生矣。(《周易本
> 义·乾卦》)

> 元者生物之始，天地之德莫先于此，故于时为春，于人则为仁，而众善之长也。亨者生物之通，物至于此，莫不嘉美，故于时为夏，于人则为礼，而众美之会也。利者生物之遂，物各得宜，不相妨害，故于时为秋，于人则为义，而得其分之和。贞者生物之成，实理具备，随在各足，故于时为冬，于人则为智，而为众事之干。干者木之身，而枝叶所依以立者也。（同上）

这样，把元、亨、利、贞，生、长、遂、成，与春、夏、秋、冬，仁、义、礼、智比附配合起来，也就是将天道的自然规律与人道的道德原则统一起来。这是程朱学派的"天道、人道合一"的学说。

王守仁进一步发挥程颢"与万物为一体"的观点，他说："大人者以天地万物为一体者也，其视天下犹一家，中国犹一人焉。若夫间形骸而分尔我者，小人矣。大人之能以天地万物为一体也，非意之也，其心之仁本若是其与天地万物而为一也。"（《大学问》）王守仁极力鼓吹"以天地万物为一体"，在天人关系问题上回到了程颢。

张载、程颢、程颐关于天人合一的思想影响深远，成为宋元明清儒学的一个重要论点。王夫之亦以天人合一为"圣学"的一项宗旨，他说：

> 顺而言之，则惟天有道，以道成性，性发知道；逆而推之，则以心尽性，以性合道，以道事天。……圣学所以天人合一，而非异端之所可溷也。（《张子正蒙注》卷一）

从发生的顺序讲，是天——道——性——心；从认识的次第讲，是心——性——道——天。天、道属于"天",心、性属于"人"。"天""人"是统一的。

以上是中国哲学中关于"天人合一"与"万物一体"的典型学说,其它枝叶之论,这里不必赘叙了。

三、"天人之分"与"天人交胜"

荀子与孟子、庄子不同,强调"明于天人之分",他说:

> 天行有常,不为尧存,不为桀亡。应之以治则吉,应之以乱则凶。强本而节用,则天不能贫;养备而动时,则天不能病;循道而不贰,则天不能祸。……本荒而用侈,则天不能使之富;养略而动罕,则天不能使之全;倍道而妄行,则天不能使之吉。……故明于天人之分,则可谓至人矣。(《荀子·天论》)

这里"至人"一词是针对庄子而说的。庄子以为最高的人格是至人,在圣人之上;儒家则以为最高的人格是圣人。荀子又说:

> 天有其时,地有其财,人有其治。夫是之谓能参。舍其所以参而愿其所参,则惑矣。(《荀子·天论》)

天、地、人,各有其特殊功能。人惟发挥治理的能力,才可以与天地参。这里"能参"是针对《中庸》而说的。《中庸》讲"与天地参",荀子则认为,人只有善于治理,才能够作到与天地参。

荀子强调"明于天人之分",但并不否认天与人的联系。所以他说:"不为而成,不求而得,夫是之谓天职。……天职既立,天功既成,形具而神生,好恶喜怒哀乐臧焉,夫是之谓天情;耳目

口鼻形能(态)各有接而不相能也,夫是之谓天官;心居中虚以治
五官,夫是之谓天君。"(《荀子·天论》)这就是肯定人是天所生成
的,心和感官都是天的创造。

荀子提出改造自然的独到见解,他批判孟子、庄子尊崇
"天"、歌颂"天"的言论说:

> 大天而思之,孰与物畜而制之? 从天而颂之,孰与制天
> 命而用之? 望时而待之,孰与应时而使之? 因物而多之,孰
> 与骋能而化之? 思物而物之,孰与理物而勿失之也? 愿与物
> 之所以生,孰与有物之所以成? 故错人而思天,则失万物之
> 情!(《荀子·天论》)

这是一段独放异彩的言论,在中国思想史上是罕见的。但是荀子
提出了"制天"、"理物"的理想,却没有提出实现这个理想的方
法。他说:"不为而成,不求而得,夫是之谓天职。如是者虽深,
其人不加虑焉;虽大,不加能焉;虽精,不加察焉:夫是之谓不与天
争职。"他不重视对于自然规律的探索。事实上,探索自然规律,
对于改造自然是十分必要的。

刘禹锡提出"天人交胜"的命题,他认为"天"与"人"各有其
"能","天之能"是"人所不能","人之能"亦"天所不能",所以
"天与人交相胜"。他说:

> 大凡入形器者,皆有能有不能。天,有形之大者也;人,
> 动物之尤者也。天之能,人固不能也;人之能,天亦有所不能
> 也。故余曰:天与人交相胜尔。(《刘梦得集·天论上》)
> 天之道在生植,其用在强弱。人之道在法制,其用在是

非。(同上)

天生成万物,万物强者胜弱,这是自然规律;人建立法制,法制分别是非,这是社会生活的准则。刘禹锡指出,"天之道"的主要内容是:"壮而武健,老而耗眊;气雄相君,力雄相长:天之能也。""人之道"的主要内容是:"义制强讦,礼分长幼;右贤尚功,建极闲邪:人之能也。"(《刘梦得集·天论中》)力强者压服力弱者,是自然规律;设定标准,确立行为的规范,是社会准则。刘禹锡明确区别了自然规律与社会准则。这里所谓法制不仅指法律,也包括道德规范。

刘禹锡更以旅游为譬喻说:"夫旅者,群适乎莽苍,求休乎茂木,饮乎水泉,必强有力者先焉;否则虽圣且贤莫能竞也。斯非天胜乎? 群次乎邑郛,求荫于华榱,饱于饩牢,必圣且贤者先焉;否则强有力莫能竞也。斯非人胜乎?"(《刘梦得集·天论中》)自然界的规律是"强有力者先",社会的准则是"圣且贤者先",二者有根本的区别。

刘禹锡的"天人关系"学说主要是揭示了"天之道"与"人之道"的区别。他认为,在天,只有强弱之分,并无是非之别;在人,设定了是非标准,不允许强者欺凌弱者。他也承认法制不是经常有效的。有"法大行"的时候,也有"法大弛"的时候,在"法大弛"之时,"是非易位",于是"人之能胜天之实尽丧矣"(《刘梦得集·天论上》),又回到"强有力者先焉"的情况了。

刘禹锡看到自然规律与道德准则的区别,这是比较精湛的观点。刘禹锡的观点和后来程颐、朱熹的观点正相反。程、朱认为人道即是天道,道德准则也在自然界中占有主导地位。

四、天与人的区别与联系

"天人合一"与"天人交胜"是相互对立的两种观点,但是两者也有共同之处。无论"天人合一"论者或"天人交胜"论者,都肯定"人"是"天"、"地"所产生的,而人在天地之间具有一定的能动作用。人是自然界的产物,但人也能够作用于自然界。荀子说:

> 礼有三本:天地者生之本也;先祖者类之本也;君师者治之本也。无天地恶生? 无先祖恶出? 无君师恶治?

> 天地合而万物生,阴阳接而变化起,性伪合而天下治。天能生物,不能辨物也;地能载人,不能治人也;宇中万物生人之属待圣人然后分也。(《荀子·礼论》)

董仲舒说:

> 天地人,万物之本也。天生之,地养之,人成之。天生之以孝悌,地养之以衣食,人成之以礼乐。三者相为手足,合以成体,不可一无也。(《春秋繁露·立元神》)

这都肯定:人是天地所生,而人具有治理万物的作用。荀子强调"君师",君是政治上的统治者,师是教育上的引导者。荀子以"师"与"君"相提并论,足见他对于教育的重视。董仲舒宣扬天人感应是错误的,他讲"天生之,人成之",肯定人的积极作用,虽然不免夸大,却是一个比较深刻的观点。

刘禹锡也说:"天之所能者,生万物也。人之所能者,治万物也。"(《刘梦得集·天论上》)也肯定天的作用在于生,人的作用在于治。张载更以形象的语言说明天地与人的关系,他所著《西铭》云:"乾称父,坤称母,予兹藐焉,乃混然中处。故天地之塞吾其体,天地之帅吾其性。民吾同胞,物吾与也。"这里把天人关系比喻为亲子关系,形象地说明人是天地所产生的。张载也承认人能作用于自然,他说:"圣人所以有忧者,圣人之仁也;不可以忧言者,天也。盖圣人成能,所以异于天地。"(《横渠易说·系辞上》)所谓圣人成能,意谓圣人可以完成自己的功能,这肯定了人具有异于天地的活动能力。

总之,中国古代哲学家,不论是重视天人之"合"的或重视天人之"分"的,都不把天人看成敌对的关系,而是看成相待相成的关系,人待天而生,天待人而成,人是天的产物,而经过人的努力,可以使天达到更完满的境界。

董仲舒认为人体结构与天体结构互相类似,可谓牵强附会。张载强调人性与天道同一,混淆普遍与特殊的层次。程颐、朱熹认为"天道"与"人道"只是一理,也是没有充分根据的。朱熹以"天道"的元、亨、利、贞(生、长、遂、成)与"人道"的仁、义、礼、智比配起来,以为元(生)相当于仁,亨(长)相当于礼,利(遂)相当于义,贞(成)相当于智,实乃不伦不类,把不同层次、不同性质的事物勉强牵合起来,属于主观臆断。

天与人有一个根本区别,即是,天是自然而然的,无意识,无目的;人的活动则都是有意识、有目的的。刘禹锡说:"天之道在生植,其用在强弱;人之道在法制,其用在是非。"这指出天与人的根本区别。自然界的运动变化是没有是非可言的,而人的活动则有是有非,有善有恶。在自然界,有生死存亡、强弱胜负的变化,无所谓是非善恶。对于人的行为,则可以做出是非善恶的判断。

人类的道德原则与宇宙的普遍规律,是否毫无联系呢?应该承认,人类的道德原则与宇宙的普遍规律,虽然属于不同层次,还是有一定联系的。宋、明理学认为人类的道德原则与宇宙的普遍规律是同一的,固然有误;但是,如果认为两者毫无联系,就未免失之于浅薄。自然界的普遍规律之中,至少有两项普遍联系可以说是道德原则的基础:一是整体与个体的联系,二是物质与精神的联系。

整体与个体的联系,即全与分的关系。整体是由许多个体组成的,而个体也不能脱离整体而存在。群体(社会、国家、民族)是由个人组成的,而个人不能脱离群体(社会、国家、民族)而存在。程颐提出"理一分殊",他评论张载《西铭》云:"《西铭》明理一而分殊。"(《河南程氏文集·答杨时论西铭书》)朱熹加以解释说:"天地之间,理一而已。然乾道成男,坤道成女,二气交感,化生万物,则其大小之分,亲疏之等,至于十百千万而不能齐也。不有圣贤者出,孰能合其异而反其同哉?《西铭》之作,意盖如此。……一统而万殊,则虽天下一家,中国一人,而不流于兼爱之弊;万殊而一贯,则虽亲疏异情,贵贱异等,而不梏于为我之私。此《西铭》之大指也。"(《西铭解》)一方面,人与人是不同的,这是分殊;一方面,人与人之间存在着密切的统一关系,这是理一。"理一分殊"肯定了"一"(一统)与"殊"(万殊)的对立统一关系。"一"与"殊"的关系,既是一项普遍规律,又是道德原则的依据。

物质与精神的联系在社会生活中表现为物质生活与精神生

活的关系问题。《管子》提出"仓廪实则知礼节,衣食足则知荣辱"(《管子·牧民》),孟子亦主张:"明君制民之产,必使仰足以事父母,俯足以畜妻子,乐岁终身饱,凶年免于死亡。然后驱而之善,故民之从之也轻。今也制民之产,仰不足以事父母,俯不足以畜妻子,乐岁终身苦,凶年不免于死亡,此惟救死而恐不赡,奚暇治礼义哉?"(《孟子·梁惠王上》)孟子又提出"生亦我所欲也,义亦我所欲也,二者不可得兼,舍生而取义者也"(《孟子·告子上》),肯定了"义"具有高于"生"的价值。生义关系问题是精神与物质关系问题的一个方面。精神与物质的关系,不仅是孰先孰后的问题,而且有价值高下的问题。应该承认,物质是精神的基础,而精神又高于物质。必须正确解决物质与精神的关系问题,才能为道德提供坚实的理论基础。

道德是社会现象。人类的道德实践,是否具有宇宙意义呢?人类的社会生活存在于宇宙之中,道德是宇宙万事万象中人类所有的一种特殊现象,在宇宙应有一定的位置。人类道德,发生于太阳系的一个星球之上,在广大无垠的宇宙之中,在数量上是微小的,在性质上却是卓异的。

恩格斯在《自然辩证法》中论物质的运动形态说:

> 现在,现代自然科学必须从哲学那里采纳运动不灭的原理;它没有这个原理就不能继续存在。但是物质的运动,不仅是粗糙的机械运动、单纯的位置移动,而且还是热和光、电压和磁压、化学的化合和分解、生命和意识。(《马克思恩格斯选集》第3卷,第459页。人民出版社,1972年版)

生命和意识都是物质的运动形态,其中意识可以说是物质运动的最高形态。恩格斯在《自然辩证法》中还称"思维着的精神"为物质"在地球上的最美的花朵"(《马克思恩格斯选集》第3卷,第462页。人民出版社,1972年版)。道德是人的自觉自律的活动,可以说是这个"最美的花朵"的一项重要内容。

第十一章　道德修养与理想人格

中国古代哲学家,自孔子、老子以来,都重视修养,提出了比较丰富的关于修养方法与修养境界的理论。"修"指修身,"养"指养性或养心。修养即提高觉悟,培养高尚的品德。在中国伦理学史上,不同学派所讲的修养方法不同,但是有一个共同的基本观点,即以为提高思想觉悟、达到人格完善,必须从事于修养。因此,关于修养方法与修养境界的理论也是中国伦理思想的一个重要内容。

一、修身、养心

儒家提出"修身"、"养心"之说,认为人必须提高道德的自觉性,这是保持"人之所以异于禽兽者"、体现人的价值的自觉活动。"性善论"者以为人们具有先验的善性,而此善性必须加以发展、扩而充之。"性恶论"者不承认先验的善性,而肯定人有总结经验的智力,应依此智力改造本性、培养品德。

孔子提出"修己"之说,《论语》记载:

> 子路问君子,子曰:修己以敬。曰:如斯而已乎? 曰:修
> 己以安人。曰:如斯而已乎? 曰:修己以安百姓。修己以安
> 百姓,尧舜其犹病诸?(《论语·宪问》)

修己即整饬自己的言行,使自己的言行无不合乎原则,这样就可以"安人"了。老子宣扬无为,但也将"德"与"修"联系起来,《老子》说:"修之于身,其德乃真;修之于家,其德乃余;修之于乡,其德乃长;修之于国,其德乃丰;修之于天下,其德乃普。"(《老子》五十四章)孟子提出"养性"、"修身",宣称:"存其心,养其性,所以事天也。夭寿不贰,修身以俟之,所以立命也。"(《孟子·尽心上》)孟子讲"性善",所以提倡"养性",即扩充固有的善端。孟子亦讲"养心",他说"养心莫善于寡欲"(《孟子·尽心下》)。荀子讲"性恶",所以不说"养性",而主张"化性"。但荀子也讲"养心",他说,"君子养心莫善于诚"(《荀子·不苟》),并著有《修身》之篇。可以说,修身是儒家所共同重视的,而后世所谓"修养",主要是孟子"修身"、"养性"学说的发展。

《大学》、《中庸》提出系统的修养学说。近人多谓《大学》、《中庸》系秦汉之际或汉初的作品,实无确证。《大学》讲"齐家、治国、平天下",显然是战国时期诸侯纷争形势的反映,当系战国时期儒家的著作。《中庸》系"子思之儒"的著作,亦非秦汉作品,其中可能有后人附益的文句,但不能因此即谓全书俱系晚出。《大学》、《中庸》在唐宋以后影响深远,确系重要的古典伦理著作。

《大学》讲"齐家、治国、平天下",而以为"齐家、治国"的根本是修身:"自天子以至于庶人,壹是皆以修身为本。"而修身之道在于"正心"、"诚意":"欲修其身者,先正其心;欲正其心者,先诚其意。"《大学》解释所谓"正心、诚意"云:

> 所谓诚其意者,毋自欺也,如恶恶臭,如好好色,此之谓自谦(慊),故君子必慎其独也。小人闲居为不善,无所不至,见君子而后厌然,掩其不善而著其善。人之视己,如见其肺肝然,则何益矣。此谓诚于中、形于外,故君子必慎其独也。

> 所谓修身在正其心者,身有所忿懥,则不得其正;有所恐惧,则不得其正;有所好乐,则不得其正;有所忧患,则不得其正。心不在焉,视而不见,听而不闻,食而不知其味。

所谓诚意即贯彻善良意志,使自己的意志纯善无恶,好善而恶不善,即在任何情况之下都坚持贯彻自己的善良意志。其中包含慎独。慎独即自己独处之时也不做坏事。所谓正心即调节感情、端正思虑。"诚意"、"正心"都是内心修养的方法。

《大学》讲"慎独",《中庸》亦讲"慎独",二者孰先孰后已不可考。《中庸》云:

> 道也者,不可须臾离也,可离非道也。是故君子戒慎乎其所不睹,恐惧乎其所不闻;莫见乎隐,莫显乎微,故君子慎其独也。

又说:

> 《诗》云:潜虽伏矣,亦孔之昭! 故君子内省不疚,无恶

于志。君子之所不可及者,其唯人之所不见乎!

慎独即在"人之所不见"之处亦遵道而行,坚持原则。《中庸》又讲修养的基本原则云:

> 故君子尊德性而道问学,致广大而尽精微,极高明而道中庸。温故而知新,敦厚以崇礼。

这里最重要的是"尊德性而道问学"、"极高明而道中庸"两句。德性即是近代所谓理性。问学即接受前人的经验。"尊德性而道问学",兼重理性与经验。高明指认识宏深,中庸指行动适度。"极高明而道中庸",虽有宏深的认识,而行动上没有矫异之处。《中庸》这几句对于宋明理学有深切的影响。

儒家所谓修养,主要是实行"仁义"。道家与儒家不同,不承认"仁义"的价值。《老子》区别了"为学"与"为道",宣称:"为学日益,为道日损。损之又损,以至于无为,无为而无不为。"(《老子》四十八章)儒家所从事的是"为学",道家所从事的是"为道"。庄子标榜"忘仁义"、"忘礼乐",以至于"堕肢体、黜聪明,离形去知,同于大通"(《庄子·大宗师》)。这也是一种修养方法,但这不是一般意义的道德修养方法,它已经否弃了儒家所谓道德。

在宋、元、明、清时代,《孟子》《大学》《中庸》的修养方法论得到进一步的发展。宋、元、明、清时代关于道德修养的学说,可以归总为三个类型。第一类型为周(敦颐)、张(载)、程(颢、颐)、朱(熹)的修养学说;第二类型为陆(九渊)、王(守仁)的修养学说;第三类型为颜(元)、李(塨)的修养学说。周、张、程、朱的修养论,是正统理学的观点;陆、王的修养论,是理学别派的观点;

颜、李的修养论是反理学的观点。

正统理学兼重"尊德性"与"道问学",而比较强调"道问学"的重要。陆、王学派专门宣扬"尊德性"。颜、李学派批评理学家专讲心性修养的偏失,强调"习行",注重在实际活动中进行道德修养。

我们研究宋、元、明、清时代的伦理学说,对于这三派不同的修养论的消长演变,都应加以详密的解析。这里不必赘述了。

二、"内外"、"知行"

许慎《说文》释"惠(德)"云:"外得于人、内得于己也。"道德兼赅内外。一个有道德的人必须是一个有益于人民的人。中国古代知识分子有一个"以天下为己任"的传统。孟子论士云:"士穷不失义,达不离道。穷不失义,故士得己焉;达不离道,故民不失望焉。古之人,得志泽加于民,不得志,修身见于世。穷则独善其身,达则兼善天下。"(《孟子·尽心上》)作为一个士,必有"兼善天下"的宏愿,"独善其身"是不得已。

《世说新语》记后汉末年陈蕃、李膺的故事云:

> 陈仲举言为士则,行为世范;登车揽辔,有澄清天下之志。

> 李元礼风格秀整,高自标持,欲以天下名教是非为己任。

(《世说新语》卷一《德行第一》)

陈蕃、李膺都以整顿时政、移风易俗为自己的任务,虽然都没有成功,但他们的精神为后人所敬仰。

中国古代哲学中所谓"内"、"外"有三项含义：一、"内"指主体，"外"指客体，"内"、"外"即是"己"与"人"或"己"与"物"的关系。二、"内"指精神生活，"外"指物质生活，"内"、"外"即精神生活与物质生活的关系。三、"内"指德行，"外"指事业，"内"、"外"即是德行与事业的关系。哲学家们都重视"内"、"外"的统一，但是各家各有所偏重。试举几个典型例证。

《中庸》云："诚者非自成己而已也，所以成物也。成己，仁也；成物，知也。性之德也，合外内之道也，故时措之宜也。"诚即实行道德，实有诸己，这就不但成己，而且成物；不但提高自己的生活境界，而且举措无不合宜。这是"合外内之道"。

周敦颐说："圣人之道，入乎耳，存乎心；蕴之为德行，行之为事业。彼以文辞而已者，陋矣！"（《通书·陋》）在己则为德行，及物则为事业。德行与事业是统一的。

张载说："'精义入神'，事豫吾内，求利吾外也；'利用安身'，素利吾外，致养吾内也。'穷神知化'，乃养盛自致，非思勉之能强，故崇德而外，君子未或致知也。"（《正蒙·神化》）这里"内"指心，"外"指身。"内"指精神生活，"外"指物质生活。"豫"指准备，"利"指顺利。精研义理，至于神化，精神上作了充分准备，物质生活就可以顺利了。物质生活无不顺利，就更可以提高精神生活。张载以为，"内""外"是相辅相成的，道德与知识也是相互结合的。

程颐论述其兄程颢的学术云："知尽性至命必本于孝悌，穷神知化由通于礼乐。……其言曰：道之不明，异端害之也。昔之害近而易知，今之害深而难辨。昔之惑人也乘其迷暗；今之入人也因其高明。自谓之穷神知化,而不足以开物成务;言为无不周遍,实则外于伦理。"(《河南程氏文集·明道先生行状》)这就是说,"穷神知化"必须与"开物成务"结合起来,"周遍"的认识必须与"伦理"结合起来。这是程、朱理学的特点。

理学家兼重"内"、"外","蕴之为德行,行之为事业"。究竟对于心性问题研究较多,对于国计民生的实际问题研究较少,因而后来受到重视事功的陈亮、叶适的批评。但是,陈亮、叶适虽然比较重视实际问题,而也未能对于经济政治提出系统的理论,同时对心性问题注意不够,提不出新的心性修养学说,因而在伦理学史上不能够取代理学的地位。

道德所以为道德,在于不仅是思想认识,而更是行为的规范。道德决不能徒托空言,而必须是见之于实际行动。因此,道德修养方法固然包括认识方法,而主要是行动的方法,提高生活境界的方法。道德修养兼赅"知"与"行"两个方面。

"知""行"问题是中国伦理学说史的一个重要问题。《中庸》云:"博学之,审问之,慎思之,明辨之,笃行之。"这里明确提出知行次序问题。荀子说:"不闻不若闻之;闻之不若见之;见之不若知之;知之不若行之。学至于行之而止矣。"(《荀子·儒效》)这里明确提出行贵于知的观点。在宋、元、明、清哲学中,关于知行的先后,有三种不同的学说。程朱学派以为知先于行,有"知"而后能"行"。王阳明(守仁)学派宣扬"知行合一",以为"知""行"不分先后。王船山(夫之)提出行先于知的精湛观点,对于传统的知行问题作了一次正确的总结。三派虽然立说不同,但是都肯定"行"的重要。这是中国伦理学说的一个特点,即肯定伦理学说不仅是理论,更必须见之于行动。当然也有言行不一、欺世盗名的伪君子、伪道学。但他们不可能成为真正的伦理学家。

三、"仁人"、"圣人"、"至人"

最高的理想人格,儒家谓之"圣人",其次是"仁人"。《老子》亦以"圣人"为最高人格,庄子则提出所谓"至人",加之于"圣人"之上。"人格"是近代的名词,古代尚没有"人格"这样的抽象名词。在古代,与今天所谓人格相近的名词是"人品"。

《论语》记载孔子与子贡的对话:

> 子贡曰:如有博施于民而能济众,何如? 可谓仁乎? 子曰:何事于仁,必也圣乎! 尧舜其犹病诸! 夫仁者,己欲立而立人,己欲达而达人。(《雍也》)

这是认为圣高于仁,"仁者爱人",能爱人即可谓仁人。仁是人人可以做到的:"有能一日用其力于仁矣乎,我未见力不足者。"(《论语·里仁》),至于圣,必须"博施于民而能济众",那就是尧舜也难以完全做到的。

孔子的弟子当时称孔子为圣人,孔子不敢当,尝说:"若圣与仁,则吾岂敢? 抑为之不厌,诲人不倦,则可谓云尔已矣。"(《论语·述而》)孟子云:"昔者子贡问于孔子曰:夫子圣矣乎? 孔子曰:圣则吾不能,我学不厌而教不倦也。子贡曰:学不厌,智也;教不倦,仁也。仁且智,夫子既圣矣。"(《孟子·公孙丑上》)照孔门弟子的解释,所谓圣的涵义就是既仁且智,这与"博旋于民而能济众"也是相通的。博施是仁,济众靠智。

孟子提出圣的四个典型,即伯夷、伊尹、柳下惠、孔子。伯夷的态度是:"目不视恶色,耳不听恶声,非其君不事,非其民不使。"伊尹的态度是:"思天下之民匹夫匹妇有不与被尧舜之泽者,若己推而内之沟中",他是"自任以天下之重"。柳下惠的态度是:"不羞污君,不辞小官……遗佚而不怨,厄穷而不悯。"孔子的态度是:"可以处而处,可以仕而仕。"孟子评论说:

> 伯夷,圣之清者也。伊尹,圣之任者也。柳下惠,圣之和者也。孔子,圣之时者也。(《孟子·万章下》)

清、任、和、时是"圣人"的四个类型。所谓时就是清、任、和三者的综合。孟子以孔子为最大的圣人。

孟子又论善人、信人,以至大人、圣人云:

> 可欲之谓善,有诸己之谓信,充实之谓美,充实而有光辉之谓大,大而化之之谓圣,圣而不可知之之谓神。(《孟子·尽心下》)

可欲即可好,人皆好之,谓之善人。言行一致,谓之信人。大而化之,谓既充实而有光辉则又无待于勉强,是谓圣人。

孟子又提出对于所谓大丈夫的精辟解释。《孟子》云:

> 景春曰:公孙衍、张仪,岂不诚大丈夫哉? 一怒而诸侯惧,安居而天下熄。孟子曰:是焉得为大丈夫乎? ……以顺为正者,妾妇之道也。居天下之广居,立天下之正位,行天下之大道。得志与民由之,不得志独行其道。富贵不能淫,贫贱不能移,威武不能屈,此之谓大丈夫。(《滕文公下》)

大丈夫是崇高伟大的人格，即所谓"大人"，是坚持原则刚强不屈，不随环境的变化而转移的。孟子关于大丈夫的言论对于中华民族精神文明的发展具有深远的积极影响。

"圣"是一个虚悬的理想，"仁"则是一个比较具体的道德境界。孔子提出"仁者不忧"之说，他说："仁者不忧，知者不惑，勇者不惧。"（《论语·宪问》）又尝表述自己的生活态度说："其为人也，发愤忘食，乐以忘忧，不知老之将至云尔。"（《论语·述而》）乐而忘忧，这说明孔子已达到仁的境界。孔子又尝解释不忧的原因说："内省不疚，夫何忧何惧！"（《论语·颜渊》）

孔子又赞叹颜回云："贤哉回也！一箪食，一瓢饮，在陋巷。人不堪其忧，回也不改其乐。贤哉回也！"（《论语·雍也》）这说明颜回也能做到"乐以忘忧"。乐以忘忧是实行道德所达到的一种精神境界，达到这种境界，虽然物质生活比较贫困，而精神生活则比较充实，自有一种高尚的乐趣，其主要根据在于"内省不疚"。境界是一个比喻之词，譬如登山，到达一个高处，景物风光与低处大不相同，即到另一境界。精神境界即精神生活的高度。

孔子"乐以忘忧"，颜回"不改其乐"，宋代周敦颐谓之"孔颜乐处"。

孟子论乐云："君子有三乐，而王天下不与存焉。父母俱存，兄弟无故，一乐也。仰不愧于天，俯不怍于人，二乐也。得天下英才而教育之，三乐也。"（《孟子·尽心上》）这三乐之中，第一、第三都有待于外在的条件，惟第二是完全依靠自己的。"仰不愧于天，俯不怍于人"，亦即孔子所谓"内省不疚"。

所谓"乐以忘忧"，不是完全无忧，而是不忧个人的利害得失。孔子尝说："君子忧道不忧贫。"(《论语·卫灵公》)又说："德之不修，学之不讲，闻义不能徙，不善不能改，是吾忧也。"(《论语·述而》)修德讲学，徙义改过，还是应忧的。宋代范仲淹说出了"先天下之忧而忧，后天下之乐而乐"的名言，表现了一个伟大政治家的怀抱。不忧个人的利害得失，而忧天下的利害得失；忧天下之忧，不忧个人之忧，这是志士仁人的态度。

周敦颐在所著《通书》中对于孔子、颜子之乐作了进一步的阐释，他说：

> 颜子一箪食、一瓢饮，在陋巷，人不堪其忧，而不改其乐。夫富贵，人所爱也；颜子不爱不求，而乐乎贫者，独何心哉？天地间有至贵至富、可爱可求，而异乎彼者，见其大而忘其小焉尔！见其大则心泰，心泰则无不足；无不足，则富贵贫贱，处之一也。处之一，则能化而齐，故颜子亚圣。

又说：

> 天地间，至尊者道，至贵者德而已矣。至难得者人，人而至难得者，道德有于身而已矣。
>
> 君子以道充为贵，身安为富，故常泰无不足，而铢视轩冕、尘视金玉，其重无加焉尔。

周敦颐尝教导程颢、程颐"寻仲尼颜子乐处"，以上这些言论，就是周氏对于孔、颜乐处的说明。孔子、颜子所以能够自得其乐，是因为"道德有于身"，所以就能"铢视轩冕、尘视金玉"了。

孔、颜乐处是道德修养的一个崇高的典型。

庄子不满意儒家所谓圣人，提出所谓至人、神人，他说："至人无己,神人无功,圣人无名。"(《庄子·逍遥游》)又说:"至人神矣,大泽焚而不能热,河汉冱而不能寒……死生无变于己,而况利害之端乎!"(《庄子·齐物论》)至人即超脱生死的人。庄子又讲所谓真人。真人的态度是:"不知说(悦)生,不知恶死","不以心捐道,不以人助天"(《庄子·大宗师》)。真人也就是至人。《庄子·天下》篇又讲人格的序列云:"不离于宗,谓之天人;不离于精,谓之神人;不离于真,谓之至人;以天为宗,以德为本,以道为门,兆于变化,谓之圣人;以仁为恩,以义为理,以礼为行,以乐为和,薰然慈仁,谓之君子。"这又提出所谓天人,在至人之上。天人即"与天为一"的人。庄子宣扬所谓至人,是一种虚拟的遗世独立的人格。摆脱一般人贪生怕死、追求私利的庸俗偏见是应该的,但是要求完全脱离实际,不顾国家人民的实际利害,对于国家民族存亡兴衰漠然置之,就陷于偏谬了。

四、如何评价古代修养论

在中国古代的修养论中,儒家的学说居于主导地位。儒家的学说基本上是地主阶级的哲学,肯定等级制度的合理性。资产阶级革命否定了等级,但仍保留阶级差别。无产阶级革命要求废除阶级,更不允许等级特权的存在。在社会主义时代,儒家的修养论是否仍有一定的理论价值呢?

古代哲学家既无社会革命的思想,又无社会革命的实践,他们的修养论与革命家的修养相去甚远。但是古代进步思想家都有以天下为己任的抱负,有移风易俗的愿望。张载自述学术宗旨说:"为天地立志,为生民立道,为去圣继绝学,为万世开太平。"

（《张子语录》中）这固然是空想，但是也表达了真诚的愿望。古代思想家大都强调提高自觉性的必要，因而在修养方法上取得一些重要的经验。几千年来关于道德生活的历史经验还是值得注意的。

不同的阶级各有不同的道德，不同的时代各有不同的修养道路。然而，不同时代的道德理论，也有一些共同的问题，如个人与集体的关系，个人与民族的关系，个人与个人相互之间的关系，知行关系，理想与现实的关系等等。各时代的修养论都必须解决这些问题，因而也就提出了一些既有时代的特殊性，又有一定的普遍性的理论原则，这至少值得我们今天借鉴。

例如儒家强调"尚志"，孔子肯定人各有志，"三军可夺帅也，匹夫不可夺志也"（《论语·子罕》），又赞扬伯夷叔齐"不降其志，不辱其身"（《论语·微子》），慨叹"隐居以求其志，行义以达其道，吾闻其语矣，未见其人也"（《论语·季氏》）。这肯定人有独立意志的观点，在今天仍然是具有理论价值的。

孔子提出自讼："吾未见能见其过而内自讼者也。"（《论语·公冶长》）内自讼即自己对自己进行批评。曾子讲"吾日三省吾身"（《论语·学而》）。《大学》、《中庸》倡言"慎独"（见前）。这些修养方法虽然有其时代的内容和阶级的局限，但在今天仍有一定的参考价值。"自讼"、"三省吾身"、"慎独"等，可以说都是提高道德自觉性的方法，具有相对的普遍意义。

孔子提倡"杀身成仁"，孟子宣扬"舍生取义"，在长期的封建时代，许多志士仁人为国家民族而献身。这是中华民族的宝贵的精神遗产。在社会主义革命建设的过程，更涌现了很多的为祖国、为人民事业英勇献身的模范人物,这都是值得热烈赞颂的。

所以,我们在批判传统道德的时代的和阶级的局限性的同时,也要认识传统道德中在历史上起过进步作用的理论贡献。

第十二章　整理伦理学说史料的方法

中国古代伦理思想的史料是非常丰富的,整理史料必须运用科学的方法,这里提出有关整理史料的方法问题略加诠释。

一、史料的调查

研究中国伦理思想史,既要有正确的观点,又要掌握充足的历史资料。科学研究必须从客观实际出发,历史资料就是历史实际的记录。关于中国伦理思想的历史资料,范围非常广泛。中国古籍,过去时代分为经、史、子、集四类。这四类书籍都与伦理思想有一定的联系。但是,我们研究伦理学史,不可能读尽"四类书",这就要进行选择,要选择具有典型意义的、有深远影响的重要著作,进行比较深入的钻研;然后再试加推广,涉猎多方面的有关资料。

关于伦理思想的史料,基本上可分为两类:一是思想家理论家所写的著作,二是关于伦理思想的历史记载。两者都是重要

的。思想家本人或其弟子的著作,是最重要的史料,如《孟子》、
《庄子》等等;门人弟子对于思想家言行的记录,虽非本人所写,
也是关于伦理思想的直接材料,如春秋战国之际的《论语》、《墨
子》以及宋代的《河南程氏遗书》、《朱子语类》等等。伦理道德,
不但是思想理论,而且必须见之于实际行动,于是形成一定时期
的道德风尚。二十四史中有关于一定时期的道德风尚及其代表
人物的记载,例如司马迁《史记》、班固《汉书》的"儒林"、"游侠"
列传,《后汉书》的"独行"、《晋书》的"孝友"、"忠义"等列传,也
都是有关伦理学史的重要资料。

从《汉书·艺文志》开始,许多重要史书开列了当时的学术
著作目录,如《隋书·经籍志》、《唐书·艺文志》之类,为我们了
解一定时代的学术情况提供了方便。上古时代的著作,散佚者
多,留存者少。有些重要资料保存在一些"类书"中,可资检索。
如唐代《群书治要》、宋代《太平御览》都是历史资料选辑,起了保
存史料的一定作用。

有些思想家不一定有著作,他的学术观点有时在同时代的著
作中有所反映。如《孟子》中记载了孟子和告子的辩论、孟子和
许行之徒陈相的辩论,引述了告子和许行的观点。惠施是战国时
代名声显赫的思想家,"其书五车",可惜都散失了。《庄子》书中
记载惠子的言论,《韩非子》、《吕氏春秋》中也有关于惠子的材
料,都是值得珍视的史料。

从战国时代以来,就有评述学术流派的论著,《庄子·天下》
篇对于墨翟、禽滑釐、宋钘、尹文、彭蒙、田骈、慎到、关尹、老聃、庄
周、惠施、公孙龙的学说进行了评述;《荀子·非十二子》对于魏

牟、陈仲,以至子思、孟轲等进行了批驳。这些古代的学术评论文章,对于研究思想史,都具有极其重要的参考价值。南北朝时期刘义庆编撰的《世说新语》记叙了魏晋至南朝的学术风气。佛教徒僧祐纂集的《弘明集》,选录了当时关于佛教的辩论文章,都是重要的史料选辑。明清之际,黄宗羲编撰的《明儒学案》,是明代学术史专著;黄宗羲开始编撰、全祖望续成的《宋元学案》,是宋、元学术史专著。其中选录了大量重要史料,为后人的进一步研究奠定了坚实的基础。这些学术史著作,都是我们从事史料调查时必须首先考索的。但是过去时代的学术史,都难免有其一定的偏见,选择人物,采录材料,都不够全面。我们今日进行研究,还需要阅读每一重要思想家的全书、全集,更要注意过去史家所忽视的人物。

二、史料的鉴别

历史资料有真有伪,有些学术著作确实是某一思想家或其门人弟子撰写或编订的,有些则出于后人伪托。《论语》是孔子弟子和再传弟子编纂的,《汉书·艺文志》说:"《论语》者,孔子应答弟子时人及弟子相与言而接闻于夫子之语也。当时弟子各有所记,夫子既卒,门人相与辑而论纂,故谓之论语。"《孟子》是孟子弟子编撰的,《史记·孟荀列传》说,孟子"退而与万章之徒,序《诗》、《书》,述仲尼之意,作《孟子》七篇"。《荀子》的主要篇章系荀子手撰,最后由弟子编定的。这些都是确实可信的。有些著作虽创始于某一思想家,而在弟子的传授继承的过程中可能有所增益,如《老子》一书保存了老聃遗说,而又包含许多战国时期的辞句。有些著作是某一思想家及其门人弟子著作的汇集,如《庄子》分内、外、杂篇,内篇是庄子所撰,外杂篇则出于庄子弟子,包含庄门后学的论著。《管子》一书是战国时期齐国推崇管仲的学者的著作汇编。这些都属于真实的史料。

有些古书虽然题为某家所撰,却与其人无关。如《鬻子》、《关尹子》,从其思想以及文辞来看,决非先秦旧籍。《孟子外书》、《子华子》等亦皆后人伪撰。《列子》一书,是一部影响较大的道家典籍,其中可能保存了一些先秦史料,但如《仲尼篇》所谓"西方之人有圣者焉",显然是指佛陀而言,《杨朱篇》宣扬纵欲肆情,与《淮南子》关于杨朱思想的记述相反,显然是魏晋时代的作品。从事思想史的研究,"辨伪"是十分必要的。

有些著作,本未写明年代,这就需要进行考察确定其产生的时期。如《大学》一篇,朱熹《大学章句》以为《大学》的首章"盖孔子之言而曾子述之",这显然是没有根据的主观臆断;但近人多谓《大学》是秦汉之际或汉初的儒者所撰,亦未切当。《大学》讲"齐家、治国、平天下",反映了诸侯割据的情况,是针对战国形势立论的,应是战国时期的作品。

《汉书·艺文志》著录《宋子》十八篇(在"小说家"),《尹文子》一篇(在"名家")。《宋子》久佚,今存《尹文子》二篇。今本《尹文子》有云:"大道治者,则名法儒墨自废;以名法儒墨治者,则不得离道。"以名法儒墨并称,显然是汉代人的言辞,决非先秦所有。《庄子·天下》篇述宋钘、尹文之学,有"以此白心"之语,于是近人或谓《管子》的《白心》、《内业》、《心术上》、《心术下》等四篇为宋尹学派的遗著,实际上《管子》这四篇的学说与《庄子·

天下》篇所述宋钘、尹文之学并无相合之处,把《管子》四篇认为
宋、尹遗著是完全没有根据的。考证古书年代,必须有严肃谨慎
的态度,信则传信,疑则传疑,只有取得充足的证据,才能作出科
学的论断。

鉴别史料的真伪,是进行理论分析的前提。

三、史料的解释

确定了史料的真实性之后,还要对史料的内容作出正确的解
释。中国古书常常是辞简言赅,文约义丰,有时提出一简要的命
题,却并未加详细的说明,这就需要深入考察其原有的含义,不可
望文生义,随意曲解。

例如孔子说:"道千乘之国,敬事而信,节用而爱人,使民以
时。"(《论语·学而》)这里讲"爱人",又讲"使民",二者的关系如
何?《集解》引包咸注:"国以民为本,故爱养之。"这是认为"爱
人"包括"爱民"。近人提出一种新解,认为"人"指贵族,"民"指
奴隶,"人"是爱的对象,"民"是使的对象,二者截然不同。事实
上,这一新解虽然新奇,却是不符原文本义的。《论语》曾称伯
夷、叔齐、虞仲、柳下惠为"逸民"(《论语·微子》),可证民非即奴
隶。孔子说:"君子学道则爱人,小人学道则易使也。"(《论语·阳
货》)显然"易使"的小人就是民,既称之为"小人",当然也属于
"人"的范围。足证在春秋之时,人是泛称,民指被统治者,有时
亦是泛称。把《论语》中的"人"与"民"截然分开,是没有根据的,
不过是主观的臆断而已。

孟子有一句很难懂的话,他说:"万物皆备于我矣,反身而

诚,乐莫大焉。"(《孟子·尽心上》)所谓"万物皆备于我"是什么意义呢?

赵岐注云:

> 物,事也;我,身也。普谓人为成人已往,皆备知天下万物,常有所行矣。诚者实也,反自思其身所施行,能皆实而无虚,则乐莫大焉。

朱熹注云:

> 此言理之本然也。大则君臣父子,小则事物细微,其当然之理,无一不具于性分之内也。诚,实也。乐,音洛。言反诸身,而所备之理皆如恶恶臭、好好色之实然,则其行之不待勉强而无不利矣,其为乐孰大于是?

赵注解"万物皆备于我"为"皆备知天下万物";朱注解"万物皆备于我"为"当然之理无一不具于性分之内",即万物之理皆备于我的本性之中。这都可谓"增字解经"。赵增加了一个"知"字,朱增加"理"字、"性"字。近年一些哲学史论著中又将"万物皆备于我"解作万物都存在于我的心中,又增加了一个"心"字。这些都是不恰当的。

孟子之"万物皆备于我"究竟应该如何理解呢,这还应求之于《孟子》本书。孟子和许行之徒陈相辩论时曾说:"且一人之身而百工之所为备,如必自为而后用之,是率天下而路也。"(《孟子·滕文公上》)按:"一人之身而百工之所为备",与"万物皆备于我",句法相近。"一人之身而百工之所为备",指百工的产品皆为我所用,"万物皆备于我",其意应是万物皆为我所用。万物皆为我所用,意谓我对于万物居于主导的地位,这是对于人的主观能动性的高度肯定。孟子高度肯定了人对于万物的主观能动作用,但是并未否认万物的实际存在。如果以"万物皆备于我"为孟子否认客观世界的存在,那就大错了。

又如荀子曾说:"心者,形之君也,而神明之主也,出令而无所受令。"(《荀子·解蔽》)这是肯定意志自由的命题,认为意志是自由的,不屈服于外力。如果认为荀子在这里是把思维看作主观自生的,就不符合原意了。荀子这里并不是讲思维与感觉的关系问题。

古代思想家距离我们已经很远了,古代思想家所用的名词概念与我们所用的很不相同。考察古代的学说言论,必须细心体会其本来的含义。如果在考察历史资料时,不求甚解,浅尝辄止,那是难以理解古代思想的深刻义蕴的。

四、史料的贯通

中国古典哲学著作,大多缺乏形式上的条理系统。例如记录孔子言行的《论语》,共二十篇,其中除《乡党》篇叙述孔子的日常生活、《子张》篇记载孔子弟子的言论以外,其余各篇的章节,既不是按时间先后排列的,也无逻辑上的次序。中国古典著作中,也有一些是有意按一定原则安排次序的,如《吕氏春秋》分八览、六论、十二纪,内容丰赡,条理井然,但是各篇之间的逻辑关系,亦非严密。我们研究古代伦理学说,要在缺乏形式上的条理次序的材料中,发现其内在的条理系统。

孔子说:"吾道一以贯之"(《论语·里仁》),足证孔子的思想是具有统一的原则的。孟子说："博学而详说之,将以反说约也。"
(《孟子·离娄下》)由博归约,即有一定的中心思想。老子亦云:
"吾言甚易知,甚易行,天下莫能知,莫能行。言有宗,事有君。"
(《老子》七十章)言有宗即具有一个最高的原则。所有卓越的思想
家都有自己的一贯之道、自己的言论宗旨。我们研究伦理思想
史,要在广博的材料中发现每一家的中心观点。

每一自成一家之言的思想家,都有自己的理论体系,其理论
体系可区分为若干方面,涉及若干问题,其中包含若干概念范畴,
诸概念范畴之间又有一定层次。我们研究每一家的理论体系,要
将每一家所遗留的历史资料汇集安排,进行比较,区分归类,既有
分析,又有综合,这样才可能对于每一家学说的真实义蕴有较全
面的理解。

每一家的理论体系,总包含若干基本观点、若干基本命题,其
各观点与命题之间具有内在的联系。这些都是必须注意的。既
要发现一家思想中不同观点、命题之间的联系,又须揭示每一家
思想学说中可能存在的内在矛盾。从思想史研究来看,发现每一
家思想的内在矛盾,是具有深刻意义的。一个思想家理论中的内
在矛盾,往往是导致思想发展的积极因素。

孔子兼重仁与礼。在孔子,仁与礼是形式与内容的关系,礼
是形式,仁是内容。内容决定形式,形式规范内容。在孔子,二者
并无矛盾。后来,孟子特重仁,荀子特重礼,于是形成先秦儒学的
两大派别。

也有些问题,表面上看来存在着矛盾,实际并非矛盾。如孔
子关于食与信的言论。《论语》记载孔子与子贡关于"足食足兵"

的问答,王充《论衡·问孔》加以诘问道:

> 子贡问政。子曰:足食足兵,民信之矣。曰:必不得已而去,于斯三者何先? 曰:去兵。曰:必不得已而去,于斯二者何先? 曰:去食。自古皆有死,民无信不立。信最重也。问曰:使治国无食,民饿,弃礼义,礼义弃,信安所立? 传曰:仓廪实知礼节,衣食足知荣辱。让生于有余,争生于不足。今言去食,信安得成? 春秋之时,战国饥饿,易子而食,析骸而炊,口饥不食,不暇顾恩义也。夫父子之恩,信矣,饥饿弃信,以子为食,孔子教子贡去食存信,如何? 夫去信存食,虽不欲信,信自生矣;去食存信,虽欲为信,信不立矣。子适卫,冉子仆。子曰:庶矣哉! 曰:既庶矣,又何加焉? 曰:富之。曰:既富矣,又何加焉? 曰:教之。语冉子先富而后教之,教子贡去食而存信。食与富何别? 信与教何异? 二子殊教,所尚不同,孔子为国,意何定哉?

孔子既讲先富后教,又讲食可去而信不可去,王充以为这是自相矛盾。实际上,这里正表现了孔子的深湛的智慧,表现孔子的辩证观点,王充未能理解。这是有关物质生活与精神生活之关系的问题。物质生活是精神生活的基础,所以主张先富后教;精神生活是物质生活的主导,所以断言食可去而信不可去。食有待于客观条件,信只决定于主体自身。客观条件不是主体所能决定的,主体意志是可以坚持的。人们只能坚持守信,不能臆想必然有食。"去食存信"之教和"有杀身以成仁,勿求生以害仁"的精神是一致的。

　　研讨思想家的理论体系,必须将有关这个思想家的全部材料融会贯通,才能对之有真正的准确的理解。

　　整理资料的工作与理论分析是相辅相成的。正确的理论分析只能建立在掌握坚实的资料基础之上。

附录一　谈中国伦理学史的研究方法

今天,我谈的题目是漫谈中国伦理学史的研究方法。我考虑得也很不成熟。中国伦理学史有几个比较难以解决的问题,现在提出来,和大家一起来研究。分几个小题目。就是:

一、学术史研究的基本要求

想写好一本中国伦理学史,应该注意做到的:一是革命性和科学性的统一;二是资料与观点的统一;三是阶级分析与理论分析的结合。现在分别谈一谈。

科学性与革命性的统一,这是列宁的提法。列宁说马克思理论的特点是高度的革命性和高度的科学性两者的统一。所谓革命性,就是批判性,批判剥削阶级的道德理论。科学性就是实事求是,对事实作具体的分析。研究历史就是要研究历史事实和历史过程,对具体的历史事实要进行具体分析,这样才能体现出科学性;对客观规律要有所认识,有所发现,这样才能达到高度的科学性。这就不必多讲了。

资料与观点的统一。观点是马克思主义观点，就是辩证唯物主义与历史唯物主义观点。资料就是积累下来的许多历史资料。恩格斯讲，在某一个具体问题上，要想运用唯物主义观点进行研究，需要相当时间的冷静思考，还必须对各种资料进行详细考察。要根据唯物主义观点，收集资料，审查资料，对资料进行系统的全面的研究，以达到资料与观点的统一。这样才能具有科学性。

阶级分析与理论分析的结合。一方面对过去思想家的理论体系要进行阶级分析，认识它的阶级意义，发现它的阶级本质，同时要进行理论分析。阶级分析就是要看思想的阶级本质，为哪一个阶级服务的；理论分析就是要发现这个思想的理论贡献，它是不是发现了一部分真理，因为人类的历史也是人类认识真理的过程。在伦理学方面，应该说也有许多客观规律需要揭示，许多真理需要认识和探索。阶级分析与理论分析应该是互相结合的，而不是互相脱离的。可以举几个例子。比方孟子，他提出一个问题："人之所以异于禽兽者"何在？孟子讲性善，就特别强调人跟动物的区别在什么地方。在中国历史上，孟子第一个明确提出这个问题来，他认为这就是人性。孟子的解答不一定正确，但他提出这个问题却是个贡献。人应该知道自己的特点是什么，这也可以说是人的自觉，是人的自觉的一个阶段。孟子讲人之所以异于禽兽者。荀子讲"人之所以为人者"。荀子的人性论与孟子的不一样。但是，提这两个问题应说在理论发展上是有贡献的。

人类在思想发展进程中，对道德的本质、作用、起源的认识有个过程。有许多思想家对此有所贡献。我们要发现它，认识它。

一方面要进行阶级分析,一方面要进行理论分析,这是我的提法,也有人不同意。因为马克思主义创始人没有讲理论分析这个名词。这是第一个小题目。

二、谈谈中国伦理思想中的重要问题

伦理思想的内容很广泛,这在西方如此,在中国也是如此。向来伦理思想包括很多很多问题。其中到底有多少问题,大概也没有定论。在我看来,有六个问题比较重要。

(1)人性论问题

在中国哲学史上,人性论问题是一个突出的问题。从孟子讲性善,后来荀子讲性恶、告子讲性无善恶,对这个问题争论不休。这个问题也是善恶起源问题。社会上有所谓善,所谓道德。道德是从哪里来的? 恶是从哪里来的? 写伦理学史,这个问题要详细研究。不过这里有一个问题,就是孟子讲性善,荀子讲性恶,事实上他们讲的"性"不是一个意义,而是两个意义。他们所辩论的事实上不是同一个问题。这个问题到当今的 20 世纪,咱们讲得也不很明确。马克思讲,人的本质是社会关系的总和。这句话当然是真理。可是不容易理解。其中内容很多,值得认真了解。人性问题的演变过程,需要研究。

(2)精神生活和物质生活的关系问题

人有物质生活,又有精神生活,这跟别的动物不一样。那么,精神生活与物质生活是什么关系? 过去思想家常常讨论。《管子》书上讲:衣食足,则知荣辱;仓廪实,则知礼节。衣食很困难,那么道德也很难讲了,这种思想认为物质生活是精神生活的基

础,精神生活离不了物质生活基础。这种思想虽然简单,还是正确的。孟子也有这个思想。孟子说应该解决人的生活问题,让人饱食暖衣,这样再进行道德教育,就比较方便了,有效果了。人都吃不饱,处于饥饿状态,进行道德教育就没有效果。孟子虽然在许多问题上是唯心主义,可是这里他注重要解决人的物质生活问题,这点很重要。后来韩非、工充都有这方面的思想。这个问题从先秦到汉朝讲得比较多,在宋朝以后也有人讲。

(3)道德判断问题

如何判断一个行为的善与恶,道德或不道德,这个问题是动机与效果问题。动机与效果是现代的名词,在古代叫志与功。动机在古代叫志,效果在古代叫功。效果与动机在西方伦理思想史上是特别突出的问题。在中国则不太突出,因为在中国很早就有人作出了正确的解决,所以后来讨论就不太多了。最早对这个问题作很好解决的是墨子。他说应该把志与功一起看,当合而观之,既要看动机,又要看效果,这样就可以正确判断善恶了。孟子也是这个思想。所以这个问题在中国已由墨子与孟子解决了。但讲得不是很多。不过,现在看起来,这个问题很复杂,还是值得讨论的。

(4)道德理想与道德规范的问题

道德理想也叫道德的最高原则,人类道德应该以什么为最高原则? 可以叫道德理想,其中包含许多道德规范。道德理想,道德原则,道德规范,在过去伦理学中是很重要的,可以说是中心部分。这个问题实际上就是个人利益与整体利益的关系问题。个人是有利益的,但还有整体利益,也就是民族利益、国家利益、集体利益。这两者的关系,应该是什么关系? 这个问题是伦理学的中心问题,是很重要的。在西方伦理学史上,资产阶级伦理学家有一个讲法。伦理学主要有两大派,一派是快乐主义,一派是理性主义。快乐主义比较重视个人利益,我个人感到快乐,这就好。理性主义比较注意整体利益,认为民族利益、国家利益才是最高利益,个人利益应该服从整体利益,这是理性主义。这个问题是重要的问题。这个资产阶级的提法对不对,应该加以研究。

(5) 价值与当然的学说

伦理学可以说是研究价值的。因为一般讲价值,除了经济价值之外,还有三个最重要的价值,就是真、美、善。伦理学主要讲善,可是也同真、美有关系。价值问题也就是讲当然问题,即应当。什么是应当,什么是不应当,这个是重要问题。这在中国伦理学史上也有所讨论。朱熹讲所以然之理、所当然之理。关于所以然之理与所当然之理的关系问题,要解决什么叫应当,这个问题很复杂。我们是社会主义制度,根据马克思主义观点应该说是集体利益高于个人利益,为人民服务,这就是应当。可是到底什么叫应当,为什么有应当的问题,这也是应该研究的问题。这在过去哲学家有许多研究,朱熹讲过所以然与所当然的区别与联系。戴震讲过自然与必然,一方面有自然,一方面有必然,他所讲的必然不是我们讲的客观必然性的必然,而是应当、当然。这许多思想我们也应该研究。

(6) 道德修养问题

一个人要按照道德原则实行,培养自己具有高尚的人格,应该怎样进行修养,经过一个什么修养过程,才能达到理想的人格?中国过去在这个方面思想比较丰富。当然,有许多是错误的。不过也不完全是错误的,这方面遗产很多,很值得发掘、值得研究。

以上是我的一些初步想法,提供参考,不一定对。在我看来研究中国古代伦理思想与近代伦理思想,主要是上面六个问题。

这里面就牵涉一个问题,在哲学史上,有个哲学最高问题,叫做思维与存在、物质与精神的关系问题。围绕这个哲学基本问题,分成两条哲学路线,即唯物主义与唯心主义的对立。在伦理思想史上是不是也可以这样讲,两条路线应该怎样划分,是不是也是唯物主义和唯心主义的斗争? 这个问题比较复杂,我想了几年,也没有想出一个很好的答案来,咱们大家一起研究。你要说唯心主义与唯物主义的斗争跟伦理学没有关系,这不行。你光说认识论、本体论、自然观方面有这个斗争,伦理学没有这个问题,这恐怕不行。因为自然观与伦理学有联系。可是,你要说在伦理学上主要也是唯物主义与唯心主义斗争,这个分析也很难说。比方费尔巴哈,他是地位很重要的唯物主义者,应该说,他在旧唯物主义者中,水平是很高的。可是,恩格斯说,他的伦理学说是唯心主义的。所以,这个问题比较复杂。又比方,从刚才六个问题来讲,关于物质生活与精神生活的关系,应该说有唯物主义与唯心主义的斗争。认为物质生活是基本的,这是唯物主义观点,要认为精神生活是根本的,不依赖物质生活,那肯定是唯心主义,这是比较明确的。道德判断问题,讲动机论,这是唯心主义;讲效果论,这是唯物主义。这也是比较明显的。可是讲道德理想、道德规范问题,你说哪个是唯心,哪个是唯物,就不太好讲。你说强调个人利益的是唯物论?强调整体利益的是唯心论?在历史上,这两种情况都有,它不一定有必然的关系。你说道德修养问题,哪个是唯物主义,哪个是唯心主义,这也很复杂。关于个人利益与整体利益,应该说,整体利益是第一性的,应该强调整体利益。在原始社会,那时候的人就是讲整体利益,不知道有个人利益。到中世纪,宗教思想家,也是讲整体利益,却是错误的。18世纪唯物论比较强调个人利益,那时有进步作用。这要看具体情况。所以伦理学的两条路线的划分,非常复杂,不好讲。我初步认为,伦理思想史里的两条路线,应该是进步与保守的或反动的这么两条路线。你一定要说唯物主义与唯心主义两条路线,有许多问题不好讲。这要进一步研究。但只要集思广益,这个问题是能够解决的。

中国古代伦理思想的主要问题,是总起来讲的,并不是说每一家都有这些问题。我们研究时,应注意哪一家到底研究什么问题,要注意每一家特殊的理论体系,不能用一个模式来套。比如孟子讲的问题与庄子讲的问题很不一样。比如价值问题。在中国思想史上,第一个讲价值的是孟子。孟子讲每一个人有"良贵",就是指价值。他说:赵孟贵之,赵孟也可以贱之。如果你有自己的良贵,有道德修养,这个价值别人否认不了,爵位利禄那是靠不住的。孟子讲每个人有良贵,即是说有本身的价值。庄子正相反。庄子说:"以道观之,物无贵贱。"你从那道来看,从普遍原理来看,无所谓有价值无价值,没有价值与善恶的分别。可是"以物观之,自贵而相贱",人类自己认为人是贵的,这是人类自己对自己的肯定。这两种观点不一样,值得研究。

三、正确理解古代的学说

古代思想学说比较复杂,不太容易理解。我们要是从表面看,就不能理解得了。所以我常常赞赏司马迁的一句话。他说:"好学深思,心知其意,难为浅见寡闻道也。"好学就是真正的学习,深思就是进行深刻的思考;心知其意,就是心里知道他那个意思;有许多浅薄的人不能懂,你就很难对他讲。我们研究古代思想,要好学深思,要了解古代思想家达到的高度和深度。我举几个例子。

义利之辨。孔子讲"君子喻于义,小人喻于利"。孟子对梁惠王说:"王何必曰利,亦有仁义而已矣。"董仲舒、程朱学派都讲义利之辨。这个问题比较复杂,不那么简单。应该说义利问题至少有两层意义。一层意义就是公共利益、整体利益和个人利益的关系问题,所谓义,就是整体利益,所谓利,就是个人利益,反对利,事实上不反对整体利益,反对的是个人利益。在这个意义上,义利之分,事实上就是公私之分。他们反对讲私利、讲个人利益,对功利不一定完全反对。你要认为这些人不肯定任何利益,这不合乎事实。另外一层意义,义利还有道德原则与物质利益的关系问题。讲义利之辨的,是孔子、孟子、董仲舒、朱熹,他们这些人接近于康德。康德讲得比较突出,用康德思想来解释比较明确。康德说你为原则做好事,为做好事而做好事,这才是真正的善,为善而善才是真正的善。你要是有点个人兴趣,考虑个人的爱好,个人的利益,这就不是善,做了好事也不算善。孔丘、孟轲认为道德不要考虑物质利益,也有这种意义。义利之辨的这两个方面每家与每家偏重不一样,应该具体分析。从清朝以来,反对义利之辨,认为讲义是腐朽思想、空洞思想、伪善思想,讲利是对的。这种批判不一定正确。讲利也可能讲私利,那是不正确的,讲公利才是正确的。对于义利之辨的这两面,古人也没有讲清楚,应该讲清楚公利与私利是有别的。公利是应该肯定的,但公利也有许多问题,因为过去统治阶级、剥削阶级也讲公,他们的公就是统治阶级的利益。问题比较复杂。

还有理欲之辨。程朱学派特别强调存天理,去人欲。理欲之辨陆王学派也讲。明朝的罗钦顺、清朝的王夫之进行了批判,认为理与欲有统一的关系,不能完全把它们对立起来。这种观点是正确的。可是后来批判程朱理欲之辨,认为程朱学派完全不承认物质要求,这就不合乎程朱的本意。程朱学派不是一概抹煞人的物质要求,他只认为不应该反抗封建等级制度,个人吃饭穿衣还是必要的。可是从基本上说,程朱学派讲理欲之辨,当时是起了保守作用,所谓礼教吃人与理欲之辨还是有一定联系。所以这些问题应该具体分析,不能简单化。

还有三纲五常,所谓纲常问题。多年以来,有许多人写文章,认为纲常完全是反动的,纲常二字表示一种腐朽的反动思想。我认为需要具体分析,三纲思想从宋朝以后,是反动的,可是五常还应该加以分析。认为五常也是反动的,没有具体分析,这是不正确的。所谓三纲每个纲都有两层意义。君为臣纲,臣要服从君,同时要求君做臣的表率;父为子纲,子要服从父,同时要求父做子的表率;夫为妻纲,妻要服从夫,同时要求夫做妻的表率。到宋朝以后,演化为绝对服从关系,表率作用没有了。就是臣要绝对服从君,子要绝对服从父,妻要绝对服从夫。这就是完全错误,而又是反动的。这个思想到现在还有流毒。影响没有完全消灭。三纲是董仲舒先提出来的,以前韩非就有这个思想,但没有"三纲"这个名词。"三纲"是流毒深重的反动思想,我们必须加以严格的批判,并肃清其影响。可是所谓"五常"仁、义、礼、智、信就要作具体分析。"五常"比较复杂。五常在汉朝还起一定作用,到宋朝以后慢慢变成空洞的形式,宋朝也讲仁讲义,但其积极作用则越来越少,宋朝以后主要就讲忠孝节义了。

仁是讲爱人,这个思想不是完全反动的,它实际起不了什么作用,是空洞的思想。孔子讲仁,在当时有一种进步意义。他是要维持等级制度,但另一方面他反对暴政,反对虐政,要求对人民应该放宽一点,这个思想在历史上还是有进步意义的。这就是过去贪官与清官的辩论。江青认为清官比贪官还要坏,我认为这种思想是错误的,无论如何,清官比贪官要好一些。清官也是要维护封建制度的,但确能稍微照顾人民的利益,对人民宽大,要求按法律办事。法律是维护等级制度的,所以清官并不是站在人民方面。但他认为不要有超过法律的压迫,这对人民总还有好的作用。所以仁义不能说是完全反动的,应该作具体分析。

礼主要是等级制度,应该反对。可是,礼在另一方面讲礼节,人应该有礼节,一直到现在我们社会主义社会讲礼貌待人,这个礼貌还得有。这是个复杂问题。

智是分别是非,是非有阶级性,每个阶级有每个阶级的是非,这个问题更复杂,应该具体分析。

信,守信,说话算数,这恐怕应该承认是必要的。要是不讲信,社会就混乱了,这是起码的道德。"人而无信,不知其可也。"讲信用,对人民有好处。

这里牵涉一个如何正确看待历史遗产问题。有些遗产是个包袱,有还不如没有,应该把它抛弃、甩掉,或加以批判,也有些遗产是有用的,有益的,反映真理的,这是遗产中的精华。在伦理学方面,凡是有利于社会发展的,凡是有利于团结人民,抵抗外来侵略的,这些理论思想,应该说是遗产中的精华,应该注意继承。比方孔子说"志士仁人有杀身以成仁",就是为了实现仁政、道德理想,可以牺牲性命,杀身成仁。孟子讲舍生取义,"生亦我所欲也,义亦我所欲也",一个生命,一个道德,这两个我都是需要的,如果二者不能兼得,那就"舍生而取义",宁可为着实现道德理想而舍掉自己的生命。这种思想,从历史上看,对中华民族的发展,对人民抵抗外来侵略,是有积极意义的。

这类思想很多。比如张载讲"民吾同胞,物吾与也"。讲"民胞物与"这个思想,过去许多思想家都是赞颂它。但近来出的许多哲学史,都是对这种思想进行批判的。说这种思想至少是空洞的、虚伪的,麻痹人民的斗志。我认为这种批判有道理,可是不全面。因为古代思想家赞成人民革命的太少了。不能要求每个思想家都赞成人民革命。在革命高潮时期,提出泛爱思想,那是麻痹人民斗争意志;可是,在革命低潮时,有人出来讲讲爱人民,这是要求减轻对人民的压迫,是对人民让步,这种思想对人民是有好处的。现在看"让步政策"的名词不一定对,可还是有这种情况。你不能说讲让步政策就是反动思想。这恐怕不行。因为,在阶级社会中有阶级斗争,这当然是客观事实。恩格斯讲国家时说过一句话,他说国家是代表统治阶级的利益,国家的设立还有一个作用,就是免于让斗争的两个阶级同归于尽,你斗争来斗争去,天天斗争,结果同归于尽,这个社会就不能维持了。在当时社会条件下,本来就不可能建立人民政权,所以那时主张缓和阶级矛盾,不一定是反动的,要看具体情况。讲"民吾同胞",爱护一切人民虽然不能实行,可是这句话也不能说是反动。他要求对人民实行宽大政策,这对人民有好处,比主张对人民实行严厉镇压的人要好些。王夫之主张"严以驭吏,宽以待民"。宽以待民的思想对人民有好处。不能说这完全是欺骗,是牧师的手段。我的这种看法可能是错误的,供大家讨论。

李贽是进步思想家,这没有问题。过去说他是法家,不对。李贽的贡献是什么? 他认为过去是以"孔子之是非为是非",这是不对的,应该打破这个局面,有自己的是非,不要以"孔子之是非为是非"。这是非常进步的思想。可是李贽也有些思想不见得正确。现在有许多人把李贽讲得完全正确,这需要分析。举两个例子,"穿衣吃饭,就是人伦物理"。这是说穿衣和吃饭就是道德,就是道德原则,这话有一定道理,可是不完全正确。因为道德不仅仅是穿衣吃饭,光穿衣吃饭不一定合乎道德。因为人还有精神需要,有时还要自我牺牲,不能只顾穿衣吃饭,而不愿为了公共利益去牺牲自己,所以把穿衣吃饭与道德原则完全等同起来,这也不对。宁可饿死,不吃嗟来之食。人有一定的尊严,要求人互相尊敬,光讲穿衣吃饭不行。李贽还有一个思想,强调私心,说人都有私,就是圣人也为了私。现在很多人都赞美他这个思想。这思想代表市民思想,有进步意义。但这思想从本质看是错误的。

人还有公心,为民族可以牺牲自己,为社会、为人民可以牺牲自己,并不是光有私心。因此,光强调私心最重要,这虽然在当时有进步作用,但并不正确。所以对具体问题要进行具体分析。

四、发扬实事求是的学风

我们研究学术史,最要紧的是发扬实事求是的马克思主义学风,真正做到实事求是。首先要认真地研究原始材料。研究孔子思想,要把孔子的有关思想仔细研究,《论语》这部书,至少要看几遍。《论语》《孟子》《老子》《庄子》等等思想都很复杂,要反复思考,全面考察。关于孔子,过去有一个争论,就是孔子讲的"人"字、"民"字是什么意义,赵纪彬有个"新说",影响很大。但基本上是错误的。他研究《论语》中一句话"千乘之国,节用而爱人,使民以时"。他说,"人"是爱的对象,"民"是使的对象,所以"人"不是"民","民"不是"人"。可是你联系《论语》中别的话来解释就不通,孔子还讲小人、庶人,按赵纪彬解释,小人就是小贵族,庶人就是庶贵族,这就解释不通。同时,周朝《诗经》上说它的祖先就是民:"厥初生民,时维姜嫄。"姜嫄是周朝的老祖宗,她就是个民,周朝不可能把奴隶说成是自己的祖宗。从多方面看,《论语》中人与民不是对立的,人是泛称,其中有部分叫民,贵族也叫民。认为孔子自己有一套语言,和别人不一样,这是不可能的。孔子讲爱人是泛称。爱人思想是有阶级性的,但不表现为把"人"与"民"分开。这就需要进行全面考察。其次不要进行主观性的总结,要根据客观事实来讲话。比如荀子的《天论》说"天行有常,不为尧存,不为桀亡","故明于天人之分,则可以为至人矣",这是讲天人的区别。杨荣国同志就给他做了一个总结,说荀子主张天人相分。天人相分这话现在许多中哲史书都用。事实上,这名词有毛病。因为荀子讲"天人之分",天人是有区别的,可是他不认为天人是完全分开的。荀子也讲天人的统一性。天与人又有区别,又有统一,这才是荀子的思想。所以光是讲天人相分,天人完全是两个范围,不是荀子的思想。荀子认为,人的感官是"天官",人的思维器官心是"天君",人中有天,不是完全分开。随便作一个总结不能表现荀子真正的意思。这种办法应该避免。宋朝程颐也有一个比喻,说有些人讲道理好像贫士说金,说黄金就是黄澄澄的,那不准确,他要是真正见到了再讲,就准确了。所以,研究古代思想,不能简单化。

我们中华民族在世界上至少有五千年的历史,这五千年一直屹立在亚洲东方,过去有光辉的贡献。中华民族能够在世界上存在五千年,一定有长处,有长久存在的思想基础。她没有被外来势力所消灭,一直保持独立性,一定有她的优良传统。现在我们要研究这个优良传统,建设社会主义的精神文明,应该对过去的优良传统有深刻的认识,作出一个科学的总结来。所以,研究中国伦理思想史非常必要,我们要好好研究中国伦理思想发展史,认识其中的精华,批判其中的糟粕。这对于提高民族的自尊心、自信心是有必要的。我过去对中国伦理学史有兴趣,可现在是太老了,难以完成这个研究中国伦理学史的任务。我对各位同志有厚望焉。

(原载《伦理学与精神文明》1983 年第 1、2 期)

附录二 引用书目

《周易》：

　　《周易注疏》，《十三经注疏》本。

　　《周易集解》，李鼎祚，《古经解汇函》本。

《尚书》：

　　《尚书注疏》，《十三经注疏》本。

《春秋左传》：

　　《春秋左传注》，杨伯峻，中华书局。

《论语》：

　　《论语集注》，朱熹，《新编诸子集成》本。

　　《论语正义》，刘宝楠，《诸子集成》本。

《孟子》：

　　《孟子集注》，朱熹，《新编诸子集成》本。

　　《孟子正义》，焦循，《诸子集成》本。

《老子》：

　　《老子注》，王弼，《诸子集成》本。

　　《老子古本考》，劳健，民国影印本。

《庄子》：

　　《庄子集解》，王先谦，《诸子集成》本。

　　《庄子集释》，郭庆藩，《诸子集成》本。

《墨子》：

　　《墨子间诂》，孙诒让，《诸子集成》本。

《管子》：

　　《管子校正》，戴望，《诸子集成》本。

　　《管子集校》，郭沫若，科学出版社。

《公孙龙子》：

　　《公孙龙子注》，陈澧，民国刊本。

《荀子》：

　　《荀子集解》，王先谦，《诸子集成》本。

　　《荀子简释》，梁启雄，中华书局。

《韩非子》：

　　《韩非子集解》，王先慎，《诸子集成》本。

　　《韩子浅解》，梁启雄，中华书局。

《吕氏春秋》：

　　《吕氏春秋集解》，许维遹，民国刊本。

《礼记》：

　　《礼记注疏》，《十三经注疏》本。

《孝经》：《十三经注疏》本。

《贾子新书》：《贾谊集》，上海人民出版社。

《淮南子》：《淮南鸿烈集解》，刘文典，商务印书馆刊本。

董仲舒《春秋繁露》：《春秋繁露义证》，苏舆，清末刊本。

司马迁《史记》：

  《史记》三家注，中华书局标点本。

  《史记会注考证》，日本泷川资言，影印本。

扬雄《法言》：《法言义疏》，汪荣宝，民国刊本。

班固《汉书》：《汉书补注》，王先谦，清末刊本。

王充《论衡》：《论衡集解》，刘盼遂，上海古籍出版社。

荀悦《申鉴》：《诸子集成》本。

范晔《后汉书》：中华书局校点本。

陈寿《三国志》：中华书局校点本。

嵇康《嵇中散集》：《嵇康集校注》，戴明扬，人民文学出版社。

《列子》：《列子集释》，杨伯峻，中华书局。

刘义庆《世说新语》：《世说新语注》，刘孝标，清末刊本，《诸子集成》本。

僧祐《弘明集》：《四部备要》本。

王通《中说》：《中说注》，世德堂《六子全书》本。

韩愈《韩昌黎集》：《四部丛刊》本。

李翱《李文公集》：《四部丛刊》本。

柳宗元《柳河东集》：中华书局刊本。

刘禹锡《刘梦得集》：《四部丛刊》本。

李觏《李直讲集》：《四部丛刊》本，中华书局《李觏集》。

周敦颐《太极图说》、《通书》：正谊堂《周濂溪集》本。

张载《正蒙》、《横渠易说》:《张子全书》本,中华书局刊《张载集》本。

程颢、程颐《河南程氏遗书》:中华书局刊《二程集》本。

程颐《周易程氏传》:中华书局刊《二程集》本。

朱熹《朱子大全集》:清刊本。

朱熹《周易本义》:清刊本。

朱熹《朱子语类》:清刊本。

陆九渊《象山集》、《语录》:中华书局刊《陆九渊集》本。

叶适《习学记言》:清刊本。

王守仁《王文成公全书》:清刊本。

罗钦顺《困知记》:明刻本。

王廷相《王氏家藏集》:明刻本。

黄宗羲《明儒学案》:清刊本。

黄宗羲、全祖望《宋元学案》:清刊本。

王夫之《周易外传》、《尚书引义》、《张子正蒙注》、《诗广传》、《读四书大全说》、《读通鉴论》、《思问录》:曾刻《船山遗书》本,中华书局校点本。

唐甄《潜书》:清刊本,标点本。

颜元《四存篇》、《四书正误》、《言行录》:《颜李丛书》本。

戴震《原善》、《孟子字义疏证》:《安徽丛书》本;标点本,上海古籍出版社《戴震集》本。

人名索引

说　明

一、索引收录《中国伦理思想发展规律的初步研究》、《中国伦理思想研究》两书中出现的全部人名。

二、以本书中出现的正式或通用人名为主词条,外文姓名以中文译名为主词条,其他称谓如字号、敬称、简称等括注于主词条后,各异称不再单列词条,如韩愈在书中又称"韩子"、"韩文公"等,则以"韩愈"为主词条,其余称谓括注于后。对于书中仅出现字号、敬称、简称等的人物,为便于读者辨识,仍以正式或通用的名字为主词条,而将书中称谓括注于后,如孔子弟子原宪书中引文简称为"宪",则以"原宪"为主词条,将"宪"括注于后。限于编者学力,个别无法考证出正式或通用名字的人物,径按原文编录,敬请读者指正。

三、索引按人名首字音序排列。

B

白公　106

班固　257,282

包咸　260

包拯　50

鲍敬言　27

伯夷（夷）　94,211,216,250,
254,260

C

曹刿　188

长沮　158

车尔尼雪夫斯基　17

陈蕃（陈仲举）　246

陈瓘（了翁）　191

陈澧　281

陈亮　85,248

陈确　179

陈寿　282

陈相　257,261

陈埴（潜室）　150,151,191

陈仲　258

程颢（程）　34,47,48,71,96,
130,131,142,149,150,171,
177,178,181,191,203,218,
231－233,245,247,248,252,
273,274,283

程颐（程）　34,47,48,68,96,
127,128,130,131,142,150,
151,171,177,178,181,191,
203,218,220,221,232,233,
236,238,239,245,247,248,
252,273,274,279,283

楚灵王　155

D

戴明扬　282

戴望　281

戴震（戴东原、戴氏、东原）　5,
26,35,36,48,54,77,96,
120,129,130,141,142,167,
179－181,204,205,223,270,
283

盗跖（跖）　106,107,115

邓牧　26

狄德罗　84

董仲舒（仲舒）　24,31,41,45,

68, 70, 71, 75, 80, 85, 95, 124,142,147,148,170－173, 175,176,189,190,203,223, 229,237,238,273,275,282

E

恩格斯　10,11,13,14,17,18, 37, 38, 78, 81, 82, 84, 100, 101,107－110,112,114,115, 120,121,133,136,144,166, 167,193,240,241,267,271, 276

F

樊迟　89,157,188,199
范文子　188
范晔　282
范缜　26,33,34,46,54
范仲淹　252
费尔巴哈　14,37,38,78,82, 83,100,120,134,137,152, 166,167,271

G

告子　123,124,127,130,138, 141,144,145,153,257,268
公孙龙　257
公孙尼子　147
公孙衍　250
古契诃夫　17
瞽瞍　191
关尹　257
观射父　70
管仲　94,185,259
郭沫若　281
郭庆藩　281

H

海瑞　50
海若　202
河伯　202
韩非（韩）　76, 88, 104, 163, 164,187,269,275
韩愈（韩子、韩文公）　95,127, 142,148,149,155,164－167, 282
汉武帝（武帝）　80,102,103
黑格尔　78,100,101,121,140, 144

胡宏　128

黄宗羲　69,173,258,283

惠施(惠子)　155,257

J

嵇康　282

季梁　188

季氏　216

季札　216

季子然　184

贾谊　164

江青　275

姜嫄　278

焦循　217,280

桀　106,126,147,215,234

桀溺　158

晋文公(文公、重耳)　155,156

景春　250

臼季　155

舅犯　156

K

康德　14,97,120,223,273

康士坦丁诺夫　38

孔子(孔、丘、孔丘、仲尼)　24,
26,31,36,40-44,47-50,54,
66-68,70,71,75,85,87-93,
97,99,103,105,106,114,
116,117,120,131,154-162,
164,166-169,172,184,188,
189,195,197,199,204,205,
207-211,213-217,242,243,
249-252,254,258-260,262-
264,273,275-278

L

劳健　281

老子(老、老氏、老聃)　24,68,
93,139,161,162,171,178,
186,213,231,242,243,257,
258,263

骊姬　156

李翱　282

李鼎祚　280

李塨(李)　245,246

李觏　85,170,282

李侗(延平)　191

李膺(李元礼)　246

李贽　27,54,277

梁惠王　169,208,273

梁启雄　281

列宁　12,15-18,20,29,79,
81,111,112,118,119,266

列子　213

刘宝楠　280

刘盼遂　282

刘文典　282

刘向　124

刘孝标　282

刘义庆　258,282

刘禹锡　235-238,282

柳下惠(展禽)　216,250,260

柳宗元　282

龙子　124

泷川资言　282

鲁定公(定公)　184

鲁庄公　188

陆九渊(陆、陆氏)　34,48,68,
96,171,178,179,203,214,
245,246,274,283

罗从彦(罗仲素、从彦)　191

罗钦顺　179,274,283

M

马克思　7,8,10,12,17,18,
21,22,29,36,37,39,81,83,
107,110,115,121,132-140,
143,144,152,153,167,193,
266-268,270,278

马融　192

毛泽东　154

孟子(孟、孟氏、孟轲)　26,32,
40-44,49,50,54,66,68,71,
75,77,85,90,91,93,94,98,
105,120,123-131,136,139,
141-145,147,148,150,151,
153,159-161,169,170,172,
174-176,184-186,189,192-
195,197-201,203-206,208,
209,211,212,214,217-220,
223-225,234,235,240,243,
246,249-251,254,257,258,
260-263,267-269,272,273,
276

弥子　217

宓子贱　147

墨子（墨翟、墨）　24,26,43,
44,49,50,54,68,69,72,75 -
77,79,80,85,88,91 - 94,
106,116,123,154,155,160,
161,167-170,186,197,209,
210,215,216,219,221,257,
259,269

N

齧缺　202

P

裴頠　26,45
彭更　219
彭蒙　257
彭祖　216
普利什凯维奇　17
普列汉诺夫　17

Q

漆雕开　147
齐桓公（桓公）　185
黔敖　174
秦始皇　102,164

禽滑釐　257
全祖望　258,283

R

冉求（冉子、求）　184,264

S

僧祐　258,282
商鞅　88
叶公子高（叶公）　207,217
申不害（申）　104,186
神农　106
慎到　94,257
世硕（世子）　142,147,148,
153
叔齐（齐）　211,216,254,260
舜（虞）　66,89,90,103,106,
114,127,147,156,164,169,
191,192,200,211,216,220,
243,249,250
司马牛　157
司马迁　222,257,273,282
司徒卢威　17
斯大林　37

宋钘(宋) 94,257,259,260

苏舆 282

孙诒让 281

T

谭峭 26

谭嗣同(谭氏) 183,193,194

汤 106,113,185,215

唐甄 283

田恒 216

田骈 94,257

托尔斯泰 18,20,29

W

万章 217,258

汪荣宝 282

王安石 127,128,141

王弼 281

王充 26,32,33,45,54,68,
76,95,99,142,147,148,
195,264,269,282

王夫之(王船山) 26,35,48,
54,69,77,84,96,102-104,
120,128-131,141,142,167,

179,191,214,223,233,248,
274,277,283

王倪 202

王守仁(王、王阳明) 25,48,
68,96,179,203,233,245,
246,248,274,283

王廷相 203,204,283

王通 220,221,282

王先谦 212,281,282

王先慎 281

王子垫 220

魏牟 257

巫马子 219

X

契 66,91,192

徐少锦 63

许慎 246

许维遹 281

许行 106,257,261

荀爽 172

荀悦 148,282

荀子(荀、孙卿) 26,31,32,
36,43,54,71,77,87,91,94,

98,123,124,126,127,130,
141,145-148,153,169,176,
181,185,186,189,193,194,
197,198,201,202,205,212,
213,227,229,234,235,237,
243,248,258,262,263,267,
268,278,279

Y

燕王哙(哙) 106

颜雠由 217

颜渊(颜回、颜子、颜、回)
157,211,216,251,252

颜元(颜) 26,35,48,54,69,
141,142,171,223,245,246,
283

阳虎(虎) 98

扬雄 142,148,282

杨伯峻 280,282

杨荣国 279

杨朱(杨子、杨) 105,106,
186,259

尧(唐) 89,90,103,106,114,
127,147,156,163,164,169,

200,211,216,220,234,243,
249,250

叶适 85,171,248,283

伊尹 185,250

夷子 50,160

易牙 124

尹文(尹) 94,257,259,260

优施 156

游吉(子太叔、吉) 196

有若 160,208

虞仲 260

禹 113,126,146,200,215

原宪(宪) 157

郎公辛 155

Z

曾子 49,174,188,254,259

张尔岐 217

张骞(骞) 102,103

张仪 250

张毅辉 63

张载(张) 26,33,34,46,47,
54,70,71,77,142,149-151,
155,164-167,177,178,214,

218,223,229-231,233,238,
239,245,247,253,276,283

赵纪彬 278

赵简子(简子) 196

赵孟 98,272

赵岐(赵) 98,261

赵文子 188

郑玄 66,192

仲长敖 141

仲弓 157

周成王(成王) 113,186

周敦颐(周、周氏) 77,245,
247,251,252,282

周公 113,164,186

周文王(文、文王) 113,114,
211,212,215

周武王(武、武王) 106,113,
114,215

纣 215,216

朱家 44

朱熹(朱、朱氏、朱子) 24,25,
34,47,48,68,96,98,128,

130,131,142,150,151,171,
177-179,181,188,191,203,
232,233,236,238,239,245,
248,259,261,270,273,274,
280,283

颛顼 70

庄子(庄周、庄) 68,76,77,
93,202,213,214,217,227-
229,231,234,235,245,249,
252,253,257,259,272

子产 70,196

子贡 89,90,156,157,206,
249,263,264

子路(仲由、由、季路) 89,
166,184,211,217,243

子囊 188

子思 224,243,258

子夏 205

子游 208

子张 89,159,188

子之(之) 106

左丘明 50

书篇名索引

说　明

一、索引收录《中国伦理思想发展规律的初步研究》、《中国伦理思想研究》两书中出现的全部书名、篇名。

二、以本书中出现的书名、篇名通用全称为主词条，其他简称、别称等括注于主词条后，不再单列。如《横渠易说》在书中又简称为《易说》，则以"《横渠易说》"为主词条，"《易说》"括注于后；《孟子·尽心上》与《尽心上》均在书中出现，则以"《孟子·尽心上》"为主词条，"《尽心上》"括注于后。若仅出现书名、篇名的简称、别称，为便于读者辨识，仍以其通用全称为主词条，而将书中称谓括注于后，如书中"《集解》"为《论语集解》简称，则以"《论语集解》"为主词条，"《集解》"括注于后。限于编者学力，索引编录或有可商榷之处，敬请读者指正。

三、索引按书名、篇名首字音序排列。

A

《安徽丛书》 283

B

《白虎通义》 95,190,195

《白虎通义·性情》 195

《白心》 259

《抱朴子·诘鲍篇》 27

C

《程氏易传》 232

《程氏易传·损卦》 177

《崇有论》 45,46

《传习录》 179,203

《船山遗书》 283

《春秋》 103,172

《春秋繁露》 95,170,189,282

《春秋繁露·必仁且智》 203

《春秋繁露·基义》(《基义》) 95,189,190

《春秋繁露·考功名》 170

《春秋繁露·立元神》 70,237

《春秋繁露·人副天数》 229

《春秋繁露·仁义法》 173

《春秋繁露·身之养莫重于义》 175

《春秋繁露·深察名号》(《深察名号》) 124,147,189

《春秋繁露·为人者天》 45

《春秋繁露·阴阳义》 71,229

《春秋繁露义证》 282

《春秋左传》(《左传》) 70,155-157,159,188,196,280

《春秋左传注》 280

《存人编》 35

D

《大学》 77,117,156,190,205,243-245,254,259

《大学问》 233

《大学章句》 259

《戴震集》 283

《德行第一》 246

《德意志意识形态》 110,115,134,135,139

《读四书大全说》 191,283

《读通鉴论》 102-104,283

《对胶西王越大夫不得为仁》
170

E

《二程集》　283

F

《法言》　282
《法言·修身》　148
《法言义疏》　282
《反杜林论》　11,102,108,109
《费尔巴哈》　152

G

《公孙龙子》　281
《公孙龙子注》　281
《共产党宣言》　18,193
《古经解汇函》　280
《古文尚书·太甲》　131
《关尹子》　259
《关于费尔巴哈的提纲》　133,
134,152
《管子》　33,40,75,83,88,94,95,
209,240,259,260,268,281

《管子·牧民》(《牧民》)　32,
75,94,209,240
《管子·内业》(《内业》)　94,
259
《管子集校》　281
《管子校正》　281
《国家与革命》　15,111
《国语》　156
《国语·楚语》　70
《国语·晋语》(《晋语》)　156
《过秦论》　164

H

《韩昌黎集》　282
《韩昌黎集·原性》(《原性》)
95,127,148
《韩非子》　40,189,257,281
《韩非子·八经》　187
《韩非子·奸劫弑臣》　164,
187
《韩非子·难一》　187
《韩非子·饰邪》　187
《韩非子·外储说右上》　186
《韩非子·五蠹》　33,164,187

《韩非子·显学》 164,224

《韩非子集解》 281

《韩子浅解》 281

《汉书》 170,257,282

《汉书·董仲舒传》 45,170

《汉书·食货志》 45

《汉书·艺文志》 148,257 –
259

《汉书补注》 282

《蒿庵闲话》 217

《河南程氏文集·答杨时论西
铭书》 239

《河南程氏文集·明道先生行
状》 248

《河南程氏遗书》 71,96,127,
128, 131, 149, 150, 171,
177, 218, 220, 231, 232,
257,283

《核性赋》 141

《〈黑格尔法哲学批判〉导言》
182

《横渠易说》(《易说》) 34,
283

《横渠易说·系辞上》 231,238

《弘明集》 258,282

《后汉书》 257,282

《化书》 26

《淮南鸿烈集解》 282

《淮南子》 259,282

《淮南子·要略》 197

J

《嵇康集校注》 282

《嵇中散集》 282

《家庭、私有制和国家的起源》
13,101,113

《贾谊集》 282

《贾子新书》 282

《兼爱下》 50,92

《近思录》 218

《晋书》 257

《经说上》 169

K

《困知记》 283

L

《老子》 49, 66, 70, 87, 93,

107，139，154，161，162，
186，197，213，227，228，
243，245，249，258，263，
278，281

《老子古本考》 281

《老子注》 281

《礼记》 176，190，197，281

《礼记·祭义》 6

《礼记·礼运》(《礼运》) 70，
113，114，190

《礼记·丧服传》 195

《礼记·檀弓》 166，174

《礼记·乐记》(《乐记》) 66，
149，176，178

《礼记注疏》 281

《礼纬·含文嘉》(《含文嘉》)
95，190

《李觏集》 282

《李文公集》 282

《李直讲集》 282

《李直讲集·原文》 171

《力命》 216

《历史唯物主义》 38

《列·尼·托尔斯泰》 20

《列宁全集》 12，16-18，20，29

《列宁选集》 15，79，81，111，
118，119

《列子》 216，259，282

《列子集释》 282

《临川集·原性》 127

《刘梦得集》 282

《刘梦得集·天论上》 235-237

《刘梦得集·天论中》 236

《柳河东集》 282

《六子全书》 282

《陆九渊集》 283

《陆九渊集·语录上》 178

《陆九渊集·语录下》 171，214

《路德维希·费尔巴哈和德国
古典哲学的终结》 81，82，
84，100，110，120，121，144，
166

《伦理学与精神文明》 63，279

《论语》 156-159，177，184，
199，206-208，211，243，
249，257，258，260，262，
263，278，280

《论语·八佾》(《八佾》) 48，

49,89,184,197

《论语·公冶长》 50,211,254

《论语·季氏》 169,199,254

《论语·里仁》 71,97,168,
199,208,211,249,262

《论语·述而》 66,87,184,
199,249,251,252

《论语·泰伯》 41

《论语·微子》 158,211,254,
260

《论语·为政》(《为政》) 50,
89,205,208,215

《论语·卫灵公》(《卫灵公》)
41,89,252

《论语·宪问》(《宪问》) 50,
71,89,157,184,188,243,
251

《论语·学而》(《学而》) 49,
89,158—160,188,205,208,
254,260

《论语·颜渊》(《颜渊》) 41,
48,157,188,205,211,251

《论语·阳货》(《阳货》) 90,
131,158,159,172,260

《论语·尧曰》 168,215

《论语·雍也》(《雍也》) 31,
89,105,157,199,207,249,
251

《论语·子罕》(《子罕》) 51,
89,158,207,210,254

《论语·子路》(《子路》) 48,
89,188,206,207,209

《论语集解》(《集解》) 260

《论语集注》 177,280

《论语正义》 280

《论衡》 147,195,282

《论衡·本性》(《本性》) 95,
124,147,148

《论衡·别通》 99

《论衡·答佞》 45

《论衡·福虚》 32

《论衡·率性》 45

《论衡·问孔》 195,264

《论衡·治期》 33

《论衡集解》 282

《论苏联伟大卫国战争》 37

《吕氏春秋》 257,262,281

《吕氏春秋·不二》 75,154

《吕氏春秋集解》　281

M

《马克思恩格斯全集》　21,38,
　　132,133,137-139,144,167
《马克思恩格斯选集》　13,14,
　　18,55,81,82,84,100-102,
　　108 - 111, 113, 115, 120,
　　122, 134 - 136, 140, 141,
　　144, 152, 167, 182, 193,
　　240,241
《毛泽东选集》　155
《孟子》　33,42,66,123,160,
　　217, 219, 224, 245, 250,
　　257,258,261,278,280
《孟子·告子上》(《告子上》)
　　49,91,98,105,123 - 125,
　　142-144,175,200,224,240
《孟子·告子下》　211
《孟子·公孙丑上》　90,126,
　　142,212,249
《孟子·公孙丑下》　185
《孟子·尽心上》(《尽心上》)
　　41 - 43, 71, 77, 106, 125,

126, 139, 159 - 161, 172,
　　185, 199, 201, 209, 212,
　　220,224,243,246,251,261
《孟子·尽心下》(《尽心下》)
　　43,98, 125, 172, 174, 176,
　　243,250
《孟子·离娄上》(《离娄上》)
　　42, 43, 185, 191, 197, 200,
　　224
《孟子·离娄下》(《离娄下》)
　　49,125,184,200,206,263
《孟子·梁惠王上》(《梁惠王
　　上》)　32, 41, 76, 91, 160,
　　169,208,240
《孟子·滕文公上》(《滕文公
　　上》)　49, 66, 76, 91, 98,
　　125, 142, 159, 160, 192,
　　193,198,205,211,261
《孟子·滕文公下》(《滕文公
　　下》)　106,195,220,250
《孟子·万章上》　217
《孟子·万章下》(《万章下》)
　　43,94,250
《孟子集注》　191,280

《孟子集注·告子上》 128

《孟子外书》 259

《孟子正义》 217,280

《孟子字义疏证》 36,130,179–181,204,205,283

《明儒学案》 258,283

《明夷待访录》 173

《明夷待访录·原君》 173

《墨经上》 169

《墨子》 123,257,281

《墨子·非命上》 170,215

《墨子·非命下》 215

《墨子·耕柱》 219

《墨子·贵义》(《贵义》) 92,161

《墨子·兼爱上》 170

《墨子·兼爱中》 91,161,170,186

《墨子·鲁问》 219

《墨子·尚同上》 186

《墨子·尚贤上》 161

《墨子间诂》 281

《木钟集》 151

《木钟学案》 151

P

《骈拇》 66,87

Q

《潜书》 283

《强国》 66

《青年团的任务》 79,118,119

《群书治要》 257

R

《仁学》 194

S

《三国志》 282

《尚书》(《书》) 103,147,192,258,280

《尚书·舜典》(《舜典》) 192

《尚书引义》 129,131,283

《尚书注疏》 280

《尚同下》 92

《申鉴》 282

《申鉴·杂言》 148

《神灭论》 46

《神圣家族》 143,144,167

《神仙传》 24

《诗广传》 283

《诗经》(《诗》) 98,103,147,
155,159,244,258,278

《十三经注疏》 280,281

《史记》 44,224,257,282

《史记·孟荀列传》 258

《史记·游侠列传》 44,115

《史记会注考证》 282

《世说新语》 246,258,282

《世说新语注》 282

《世子》 148

《说文解字》(《说文》) 205,
246

《思问录》 283

《思问录·内篇》 35

《四部备要》 282

《四部丛刊》 282

《四存篇》 283

《四书正误》 171,283

《宋元学案》 151,258,283

《宋子》 259

《隋书·经籍志》 257

T

《太极图说》 282

《太平御览》 257

《唐书·艺文志》 257

《天道》 88

《通书》 252,282

《通书·陋》 247

《托尔斯泰和现代工人运动》 18

W

《王氏家藏集》 283

《王文成公全书》 283

《唯物主义和经验批判主义》 81

《文言传》 226

《文中子中说·问易》 220

《无能子》 27

《五辅》 95

《五行相生》 95

《物势》 95

X

《西铭》 164,165,238,239

《西铭解》 239

《习学记言》　171,283

《系辞上传》　226,227

《系辞下传》　226,227

《先进》　184

《乡党》　262

《象山集》　283

《孝经》　70,281

《心术上》　259

《心术下》　259

《新编诸子集成》280

《荀子》　66,212,258,281

《荀子·不苟》　243

《荀子·臣道》　186

《荀子·大略》　169,198

《荀子·非十二子》　257

《荀子·非相》　126

《荀子·富国》　198

《荀子·解蔽》　193,212,229,
　262

《荀子·礼论》　181,201,237

《荀子·劝学》(《劝学》)　66,
　71,87,198

《荀子·荣辱》　147,169

《荀子·儒效》　98,248

《荀子·天论》(《天论》)
　195,234,235,278

《荀子·王制》(《王制》)　32,
　189

《荀子·性恶》　124,145-147,
　201

《荀子·修身》(《修身》)　77,
　212,243

《荀子·乐论》　176

《荀子·正名》　123,145,176,
　201,202,212,213

《荀子集解》(《集解》)　212,
　281

《荀子简释》　281

Y

《雅述》　204

《颜李丛书》　283

《颜习斋言行录》(《言行录》)
　171,283

《杨朱篇》　27,259

《1844 年经济学哲学手稿》
　132,133,137

《乙亥与姚姬传书》　5

《易传》 70,225-227

《尹文子》 259

《幼官》 95

《语录》 283

《鬻子》 259

《原道》 164

《原善》 283

Z

《在延安文艺座谈会上的讲话》
　154

《张载集》 283

《张子全书》 283

《张子语录》 254

《张子正蒙注》 129,233,283

《哲学的贫困》 136

《正蒙》 214,283

《正蒙·诚明》 46,149,177,
　218,230

《正蒙·大心》(《大心》)
　214,230

《正蒙·乾称》 33,71,230

《正蒙·神化》 247

《正蒙·太和》 231

《正蒙·至当》 33

《正蒙·中正》(《中正》) 46,
　214

《政治经济学的形而上学》
　136

《〈政治经济学批判〉导言》
　140,141

《知言》 128

《中国伦理思想研究》 63

《中国哲学史方法论发凡》 63

《中说》 282

《中说注》 282

《中庸》 71,77,87,105,197,
　207,224,225,234,243-
　245,247,248,254

《中庸章句》 128

《忠孝》 40,189

《仲尼篇》 259

《周濂溪集》282

《周易》 232,280

《周易·说卦传》(《说卦》、《说
　卦传》) 66,227

《周易·系辞传》 172

《周易本义》 283

《周易本义·乾卦》 232

《周易程氏传》 283

《周易集解》 172,280

《周易外传》 35,283

《周易注疏》 280

《朱子大全集》 283

《朱子大全集·答陈器之》 96

《朱子大全集·与延平李先生
书》 171

《朱子语类》 150,177,257,
283

《诸子集成》 280—282

《庄子》 71,87,93,106,114,
162,163,217,257,259,
278,281

《庄子·达生》 228

《庄子·大宗师》 71,162,
213,228,245,253

《庄子·德充符》 217,228

《庄子·庚桑楚》 162

《庄子·列御寇》 229

《庄子·马蹄》(《马蹄》) 66,
93,107,163

《庄子·内篇》 66

《庄子·齐物论》(《齐物论》)

93,162,170,186,202,217,
228,253

《庄子·秋水》(《秋水》)
106,203,228

《庄子·胠箧》(《胠箧》)
106,107

《庄子·人间世》(《人间世》)
76,202,217

《庄子·天下》(《天下》) 88,
161,253,257,259

《庄子·外篇》 66,106,107,
202,228

《庄子·逍遥游》 213,253

《庄子·徐无鬼》 163

《庄子·杂篇》 229

《庄子·则阳》 162

《庄子集解》 281

《庄子集释》 281

《资本论》 132

《〈资本论〉第一卷第一版序
言》 135

《子华子》 259

《子张》 262

《自然》 45

《自然辩证法》 133,240,241

张岱年全集(增订版)总书目

中国哲学大纲

天人五论

中国唯物主义思想简史　宋元
　明清哲学史提纲(外一种)

中国伦理思想发展规律的初步
　研究　中国伦理思想研究

中国哲学史史料学

中国哲学史方法论发凡

中国古典哲学概念范畴要论

求真集新编

中国哲学发微

玄儒评林

文化与哲学

思想·文化·道德

文化论

晚思集新编

张岱年研思札记

张岱年书评序跋集

张岱年杂著集

张岱年书信集

张岱年自传

张岱年日记